わかりやすい静音化技術

騒音の基礎から対策まで

一宮 亮一 著
Ichimiya Ryoichi

森北出版株式会社

● 本書のサポート情報を当社Webサイトに掲載する場合があります．下記のURLにアクセスし，サポートの案内をご覧ください．

https://www.morikita.co.jp/support/

● 本書の内容に関するご質問は，森北出版 出版部「(書名を明記)」係宛に書面にて，もしくは下記のe-mailアドレスまでお願いします．なお，電話でのご質問には応じかねますので，あらかじめご了承ください．

editor@morikita.co.jp

● 本書により得られた情報の使用から生じるいかなる損害についても，当社および本書の著者は責任を負わないものとします．

■ 本書に記載している製品名，商標および登録商標は，各権利者に帰属します．

■ 本書を無断で複写複製（電子化を含む）することは，著作権法上での例外を除き，禁じられています．複写される場合は，そのつど事前に(一社)出版者著作権管理機構（電話03-5244-5088, FAX03-5244-5089, e-mail：info@jcopy.or.jp）の許諾を得てください．また本書を代行業者等の第三者に依頼してスキャンやデジタル化することは，たとえ個人や家庭内での利用であっても一切認められておりません．

はじめに

　風が吹くと音が発生するように，自然界においては多くの音が発生している．さらに，人々の社会活動が広く活発になるにしたがって，音の発生源も多くなり複雑で大きな音が発生するようになる．このように人々は音の環境の中で生活している．また，人々の生活が豊かになるほど，いっそう静かな環境のなかで暮らしたいという願いが強くなって，騒音に対する「やかましさ」の基準が変化してくる．生活に必要な周辺機器から出る音に対しても，次第にきびしい要求や希望が出てくる．そのため，工場騒音など従来の多くの騒音源に加えて，以前は問題にならなかった機器から発生する騒音に対しても，対策をたてることが必要となってきている．この傾向は次第に顕著になっていると思われる．

　このような環境のもとでは，工場で騒音防止に関係している技術者のみならず，一般の多くの人々も騒音の性質や騒音発生に対する基本を十分に熟知しておれば，騒音に対する苦情をいう前に身近に発生する騒音に対する適切な対策を考えることができる．

　そこで，本書は騒音の低減や防止を担当している技術者，騒音の基礎知識を修得したい人，大学および工業高専などで騒音工学を勉強する学生，さらには騒音に興味をもっている人などにも理解しやすいように，できるだけ高度な数学や物理学の知識を用いなくてもわかるように配慮した．騒音や音響の性質を早く理解し，親しみや興味をもって読めるよう，そして長く応用にも役立つように配慮して書いた本である．とくに重要なところは懇切丁寧に書いたので，繰り返し読んでいただくとよく理解できると思う．

　本書の内容は2編13章からなり，第Ⅰ編は音響や騒音の発生，伝わり方，特性などの基礎に重点を置き，第Ⅱ編は騒音の発生の防止，騒音エネルギーの吸収，しゃ断など静音化の手法からなっている．そこでまず，第Ⅰ編の騒音の基礎を十分に理解してから，第Ⅱ編を読んでいただくと騒音の静音化技

術の原理や理由がよく納得できるとともに，問題となっている騒音源からの騒音を低減するための適切な手法を考え出すことができる．

　騒音の低減に「静音化」という表現が産業界では使われており，家電製品や事務機器などの説明書にもこの表現が採用され，技術者だけでなく広く多くの人々にもわかりやすいと思われる．そこで本書でも「静音化技術」という言葉を用いるのが適切であると考えた．

　本書の執筆にあたり多くの文献を参考にさせていただいた．巻末に引用させていただいた文献を記し，著者の方々にお礼を申し上げる．

　なお，本書は1999年に工業調査会から出版し，多くの方々に愛読されてきたが，同社が倒産したため，森北出版のご厚意により，一部加筆し，継続して出版することになった．

　最後に，原稿の校正に援助を受けた一宮昌司氏に心から感謝申し上げる．

2011年2月

著　者

わかりやすい静音化技術

●目　次●

はじめに

＊

第1編　騒音の基礎

第1章　騒音の基本を知ろう …… 11
1.1　騒音は人が決めるもの● 11
1.2　騒音はどのように発生するか● 12
　　固体の振動に起因するもの/流体の動きに起因するもの
1.3　騒音は空気の波である● 15
1.4　音は悪者ばかりではない● 19

第2章　騒音の性質を知ろう …… 23
2.1　音が発生すると圧力が高くなる● 23
2.2　音の伝わる速さは● 26
2.3　音もエネルギーである● 29
2.4　高い音と低い音● 30
2.5　音と電気との関係● 33
2.6　強い音と弱い音● 34
2.7　音を出す力● 36
2.8　音の大きさ● 40
2.9　騒音レベル● 43

第3章 音はどのように伝わるか　……………………………… 47

- 3.1 音が伝わる空気中で，どのような音の現象が発生するか● 47
- 3.2 音源の形と音源からの距離による影響● 49
  - 3.2.1 小さい音源（点音源）● 50
  - 3.2.2 細長い音源（線音源）● 55
    - 無限に長い線音源/有限な長さの線音源
  - 3.2.3 平面状の音源（面音源）● 60
    - 無限に広い面音源/有限な大きさの面音源
- 3.3 音源の場所による影響● 62
  - 3.3.1 気象条件の影響● 63
  - 3.3.2 空間の位置● 65
  - 3.3.3 小さい室内● 66

第4章 複数の音源が発生するとどうなるか　……………………… 69

- 4.1 複数の音源からの音のレベルの和を求めよう● 69
- 4.2 音のレベルの和を求める簡便法● 71
- 4.3 2つの音のレベルの差を求めよう● 72
- 4.4 複数の音のレベルの平均を求めよう● 73

第5章 騒音と人間との関係　…………………………………… 75

- 5.1 音を聞くことができる周波数範囲● 75
- 5.2 人間の耳の構造● 77
- 5.3 騒音は人間にどのような影響を及ぼすか● 79
  - 5.3.1 聴力障害● 80
  - 5.3.2 睡眠と休養の妨害● 84
  - 5.3.3 身体への影響● 86
- 5.4 マスキング効果とは何か● 87
- 5.5 騒音に対する保護具● 89

第6章　騒音をどのように評価するか ……………………………… 91
　6.1　等価騒音レベル L_{eq}● 91
　6.2　知覚騒音レベル PNL● 93
　6.3　会話妨害レベル SIL● 95
　6.4　騒音評価指数 NRN● 96
　6.5　航空機騒音評価● 96

第7章　騒音をどのように測るか ……………………………… 99
　7.1　騒音の何を測るか，測定計画を立てよう● 99
　7.2　騒音計の種類● 101
　　　普通騒音計/精密騒音計
　7.3　騒音レベルの測り方● 105
　7.4　暗騒音が大きいときは● 110
　7.5　周波数分析をしよう● 112
　7.6　測定したデータをどのように処理するか● 117
　7.7　マイクロホン● 119
　　　マイクロホンの種類/マイクロホンの校正

第II編　静音化技術

第8章　静音化の基本は何か ……………………………… 127
　8.1　発生する騒音の性質を見極めよう● 127
　　　騒音がどこで発生しているか/騒音が何によって発生しているか/騒音がどのような特性をもっているか
　8.2　固体から発生する騒音● 133
　8.3　空気や水などの流体から発生する騒音● 139

第9章 音源の静音化対策 …………………………………… 143

9.1 固体の振動が発生しないようにしよう● 143
金属ばね/防振ゴム/空気ばね（空気ダンパ）/フェルト/コルク/制振鋼板

9.2 流体に渦が発生しないようにしよう● 154

9.3 流体の速度や圧力が急に変化しないようにしよう● 158

第10章 音の伝わる途中での静音化対策 …………………………… 161

10.1 空気中を音が伝わる場合● 161
距離減衰の利用/密度の異なる媒質間の反射の利用/空気の粘性による減衰の利用/樹木，草，地表面による減衰の利用/音の屈折の利用/指向性の利用/吸音材による音のエネルギー吸収の利用/塀や建物によるしゃ音の利用

10.2 液体中を音が伝わる場合● 166

10.3 音源が室内にある場合と外にある場合● 167
セイビンの残響式/アイリングの残響式/アイリング・ヌードセンの残響式

第11章 音を吸収して静音化しよう ……………………………… 179

11.1 音を吸収して熱エネルギーに変えよう● 179

11.2 音を吸収する材料は何か，どのような性質があるか● 180
多孔質形吸音材/薄板(膜)形吸音材/共鳴構造形吸音材/上記の併用形吸音

11.3 吸音材をどのように選択し，使うか● 195
材料の選択と施工/吸音する場所/吸音材の選択方法/吸音材の表面処理と塗装仕上げ/経済性

11.4 ダクトで音を吸収しよう● 200
ダクト内での音の減衰/ダクト内の気体音の吸収

11.5 音を共鳴させて吸収しよう● 206

11.6 音を膨脹させて吸収しよう ● 208

第12章　音をさえぎって静音化しよう ……………………………211
12.1 塀やつい立で音をさえぎろう ● 211
12.2 一重のパネルで音をさえぎろう ● 215
12.3 空気層をもつ二重のパネルで音をさえぎろう ● 218
12.4 サンドイッチパネルによるしゃ音の効果 ● 221
　　　剛性材サンドイッチパネル/弾性材サンドイッチパネル/抵抗材サンドイッチパネル
12.5 音源を囲ってみよう ● 222

第13章　音の性質を利用して静音化しよう ……………………227
13.1 音の伝わる通路を変えて静音化できる ● 227
13.2 他の音を出して静音化できる ● 230
13.3 音の指向性を利用しよう ● 232
13.4 密度の異なる物質を利用しよう ● 234
13.5 音の放射エネルギーの減少を利用しよう ● 235

*

参考文献 ● 237

*

索引

第 I 編　騒音の基礎

　騒音が大きい場合には，どのような静音化対策を実施することが適当であるかを決める必要がある．そのとき，騒音の基礎を十分に理解しておくと，その対策がどのような原理に基づいて静音化の効果が上がっているかを知ることができるので，騒音の発生状態が変化しても，それに十分対応できるだけの応用知識をもつことになり，さらにそれを発展させて，他の騒音源に対しても適切な対応を考えることができる．

　そこで，第 I 編では騒音の基礎的な現象，性質，用語，伝わり方，人間との関係，測定方法などについて説明する．騒音問題が発生したときにどのように取り組むか，さらに，それを解決してゆく応用力を養う基礎知識を習得するのが目的である．

第1章
騒音の基本を知ろう

　騒音を勉強する最初として，騒音がどのように定義され，どのようにして発生し，どのような性質があるのかについて知っておくことが必要である．

1.1　騒音は人が決めるもの

　騒音は漢字辞典によると，"人間にとってさわがしい音，わずらわしい音"と記されている．日本工業規格（JIS Z 8106）によると，"望ましくない音，たとえば，音声，音楽などの聴取を妨害したり，生活に障害，苦痛を与えたりする音"と明記されている．また，音響学会の音響用語辞典には，"いかなる音でも聞き手にとって不快な音，邪魔な音と受け止められると，その音は騒音となる"と定義されている．

　すなわち，騒音は人間を対象とし人間が好ましくないと判断した音である．しかし，簡単に人間といっても，いまその人が何をしているのか，どのような環境にあるのかによって，発生している音がその人に好ましい音になったり，他の人には好ましくない音になったりする．また，同じ人でも同じ音が時によって好ましい音になったり騒音になったりもする．

　たとえば，ドラムの練習をしている人にとっては，ドラムの大きな音は好ましく気持ちの良い音に聞こえるだろう．しかし，隣の部屋で読書をしたり，勉強をしている人にはドラムの音はきわめてわずらわしく，好ましくない音であり，騒音となる．

このように騒音とは，その人がいる時と場所によって，またどのような目的をもっているかによって変ってくる．

火災報知器の警報，時報などのように，ある重要な目的をもって発生している音が騒音になることは少ないが，目的なく発生している人工音は好まれない場合が多く，騒音として扱われてしまう．

一般に，人々は自然界に発生している音に対しては，その音が大きくても比較的寛容に受け入れている場合が多い．これに反して，人工的に作られた音に対しては，かなり厳しい取り扱いをする．しかし，人工的な音であってもその音が人々に精神的な安らぎを与えたり，人々に貢献している場合には案外受け入れられている．お寺や教会の鐘の音や風鈴の音が近くにあっても好まれているのはそのよい例である．

日常生活において，多くの人々が好ましいと感じる音を挙げると，（1）小鳥の声，（2）虫の声，（3）小川のせせらぎの音，（4）木の葉に当たる風の音，（5）海岸の波の音，など自然界に発生する音が多く，その音が人々に安らぎや思い出をもたらすなど，精神的，心理的に役立っている音が好まれている．

一般に，人々は生活が豊かになると，住む環境についてもいっそう静かな環境を好むようになる．一般家庭においても，従来は騒音があまり問題にならなかった洗濯機，冷蔵庫，空調機，ファンヒータなどに対しても次第に小さい音が好まれるようになってきた．そのため，第II編に述べるような種々の静音化対策が，工場，事業場，交通車両，電気機器，建設機械のほか住宅など広い分野に施されることになり，作業環境や居住環境の改善が進んできた．このように，人々による騒音の判定基準は，人々の生活や健康や文化の程度，それらの進歩や変化による影響も多分に受けながら変化してゆく．

1.2 騒音はどのように発生するか

人々が日常生活において感じている大きな騒音の発生場所は，まず，工場や事業場である．機械や高圧の気体・液体などから発生し，昔から多くの

人々から苦情の出ている場所である．次に多いのは建設作業場である．使用されている建設機械から発生する騒音に衝撃的な音が多く，被害は大きいが，工場のように場所が固定していないで移動するため，苦情を言わないで耐えている人々も多い．また，営業に伴う拡声器，カラオケ，空調機，幼稚園児などからの騒音，さらに，交通機関である自動車，鉄道，航空機などからの騒音や日常生活に関連した騒音などもある．

これらの騒音源で発生している騒音の主な原因を大きく分けると，次の2つになる．

（1） 固体の振動に起因するもの

太鼓を打つとその周辺へ特有の音を放射する．これは，太鼓の膜に打撃を与えることによって膜が左右に振動し，それによって膜を取り囲む空気が振動する．振動物体が板の場合も同様で，図1.1に示すように薄板が振動する場合は，薄板が右へ動くと薄板の右側の空気は圧縮されて空気の粒子は密となり圧力が高くなる．反対に，薄板が左へ動くと薄板の右側の空気の粒子は疎となり，圧力が低下する．

このように固体が振動すると，図1.2に示すように空気の圧力の高低が生じ，それらが波となって次第に固体から離れてゆき，人に到達する．このような圧力の高低の波が音となって空気や液体のような媒質内を伝わるのである．太鼓の膜や板に限らず，どのような固体でも打撃を与えると大なり小な

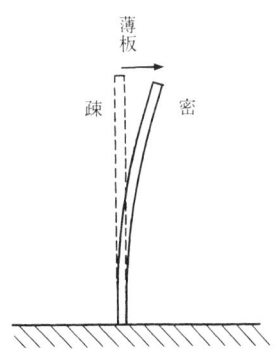

図1.1　薄板の振動

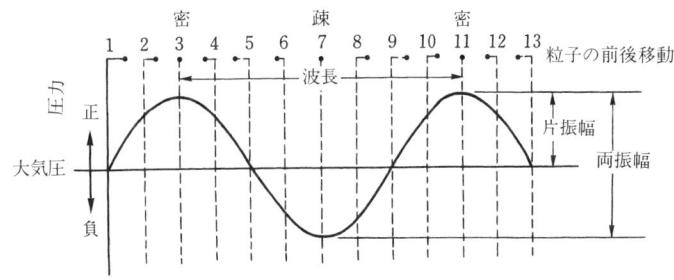

図1.2 正弦波の音波（疎密波）

り振動する．さらに，回転する物体，たとえばモータやエンジンでは，回転軸を支える物体は運転時には常に振動していると考えることができるし，これらを搭載している自動車，工作機械，家電製品などもモータやエンジン自体からの音のほかに，回転体からの振動が本体に伝わり，本体も振動して音を発生している場合が多い．これらは形状が大きいので大きな表面積から音を周辺に出している．

さらに，人々の日常生活においてもっとも基本的な歩くことによっても，床が振動して音を発生している．

このように，人々の生活環境には，固体が振動することによって音を発生している場合がきわめて多く見受けられる．また，人間をはじめ動物は声帯を振動させることによって音を発生させ，声帯の厚さや長さを変えたり共鳴を利用して種々の声を出している．

（2）流体の動きに起因するもの

液体や気体が容器内を流動すると，流動に伴って流体が振動し音が発生する．さらに，その流体振動が容器を振動させ，周辺の空気を振動させて音となり人に伝わる．この場合に，液体や気体は一次音を出しており，流動に伴って振動する容器からは二次音を発生している．ここではまず一次音について述べることにしよう．

高速度で空気中や液体中を移動する物体には，空気や液体の振動に伴う空力音（aerodynamic sound）が発生する．ジェット騒音や強い風が電線に当

たるときに発生する音などがそれである．切断用に工場などで用いられている丸ノコは直径が大きく，円板の周辺に刃があり高速で回転しているため，刃先の周辺に渦が発生し大きな音を出している．電線に強い風が当たるときの音や，流れの中にある細い棒から出る音，木の枝に当たる風の音などはエオルス音（aeolian tone）と呼ばれている．このように気体や液体が高速度で移動する現象は，工場のみならず交通機関や居住環境，自然界においても多く見られる．

　列車が高速度で走行しトンネル入り口に来ると，大きな空気の衝撃波が生じ，大きな音が発生することがある．走行速度が低いとこのような音は発生しない．トンネルの出入口を急激に狭くしないで，空気をなだらかに絞り込むような形状にすると音の発生を防止できることも理解できる．

　さらに，多数の高いビルが接近していると，とくに風の強い時には，いわゆるビル風によって耳障りな騒音が発生することがよくある．ビル風の風洞実験において風の流れを可視化した研究によると，ビルの裏側で多くの渦が発生していることがよくわかる．流体による騒音にはこれらの渦が深く関係している．

1.3　騒音は空気の波である

　前節に記したように物体が振動すると振動方向に空気粒子の密なところと疎なところが交互に発生し移動して行く．空気粒子の密なところは圧力が高く，疎なところは圧力が低くなる．すなわち，音は疎密波であり，空気の圧力の高低の波が移動して行くのである．

　図1.3は正弦波であり，横軸は波の伝わる時間 t を，縦軸は圧力 p を示している．この波を式で示すと，

$$p = a \sin(\omega t + \theta) \tag{1.1}$$

となる．

　式の中の a は図からわかるように $-a \leqq p \leqq a$ であるから，$\sin(\omega t + \theta) = 1$ のとき圧力の最大値を示すものであり，これを振幅（amplitude）と呼ぶ．

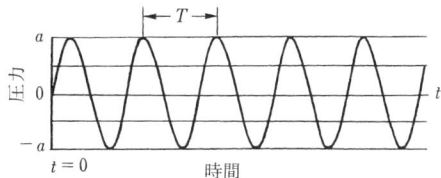

図1.3　正弦波の音波

また，$(\omega t + \theta)$ は位相（phase）と呼び，$t=0$ のときの位相は θ であるからこれを初相（initial phase）または位相定数とも呼ぶ．圧力 p が2倍になると振幅 a は2倍の $2a$ となり図1.4に示すような形の波となる．

　さらに，音の波についてわかりやすくするために図1.3を用いて説明しよう．図に示す T は時間に対する波の1つの単位で，これを周期（period）という．$T=2\pi/\omega$ だけ時間が経つごとに波は繰り返されている．波の1つの単位を長さで示すと波長（wave length）になる．図1.2は横軸を長さで示しているので，波の山と山または谷と谷の間が波長である．周期の逆数を f とすると，

$$f = \frac{1}{T} = \frac{\omega}{2\pi} \tag{1.2}$$

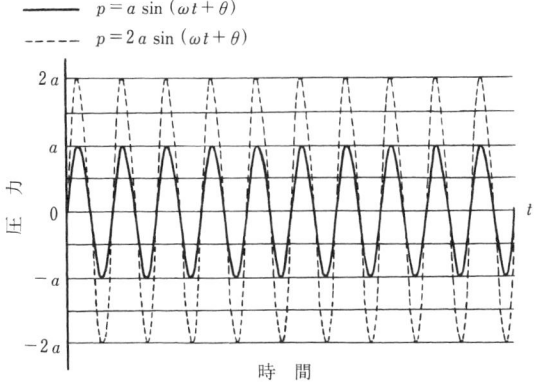

図1.4　振幅の異なる2つの波

となり，f はこの波の1つの単位が1秒間に何回発生しているかを示しており，周波数（frequency）と呼び，単位は Hz（ヘルツ）である．したがって，$\omega = 2\pi/T = 2\pi f$ は，2π の間に波が繰り返される回数を示しており，ω を角振動数または角周波数（angular frequency）という．

周波数 f と波長 λ との積は波の伝わる速さを示しており，これが音の伝わる速度（sound velocity）c である．すなわち，

$$c = \lambda f \tag{1.3}$$

発生している多くの騒音はいくつかの波が重なり合っている場合が多い．周波数が一定の単純な波をもつ音を純音（pure tone）という．純音は解析するのに容易であるが，純音を発生している場合はきわめて少なく，ほとんどの騒音はいくつかの周波数の純音が重なり合っている場合や，ランダムな波形であるなど複雑な波である．複雑な波を解析するのは困難であるが，この一見複雑そうな波もいくつかの単純な波の和として考えることができる場合が多い．

いま，振幅が等しく，角周波数がそれぞれ ω_1 と ω_2 をもつ2つの波，

$$f_1(t) = a \sin(\omega_1 t + \theta_1) \tag{1.4}$$

$$f_2(t) = a \sin(\omega_2 t + \theta_2) \tag{1.5}$$

が重なり合う場合を考えてみよう．2つの音波が重なり合うと両式の和を求めればよいので，その音波は，

$$f(t) = f_1(t) + f_2(t) = a \sin(\omega_1 t + \theta_1) + a \sin(\omega_2 t + \theta_2)$$

$$= 2a \sin\left(\frac{\omega_1 + \omega_2}{2} t + \frac{\theta_1 + \theta_2}{2}\right) \cos\left(\frac{\omega_1 - \omega_2}{2} t + \frac{\theta_1 - \theta_2}{2}\right) \tag{1.6}$$

となる．この式は複雑そうに見えるけれども，sin と cos の角周波数はもとの正弦波の角周波数 ω_1 と ω_2 の和と差の1/2 である．また，位相定数も同様に θ_1 と θ_2 の和と差の1/2 であることがわかる．

図1.5(a)は周波数 100 Hz の正弦波の波である．同図(b)は周波数 125 Hz の正弦波の波である．これらの2つの波の和を式(1.6)を用いて計算すると，同図(c)に示すように規則性のある少し複雑な波となる．すなわち，(c)図の波は単純な2つの正弦波に分けることができる．さらに正弦波の純

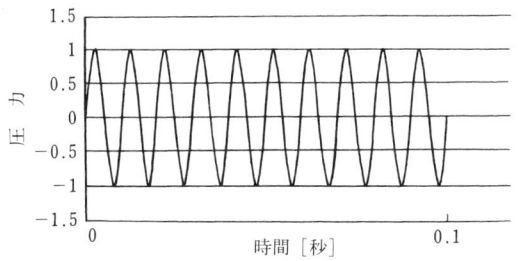

(a) 周波数 100 Hz の正弦波

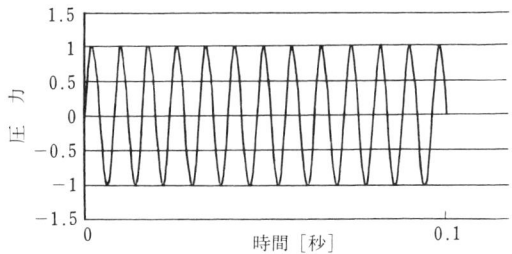

(b) 周波数 125 Hz の正弦波

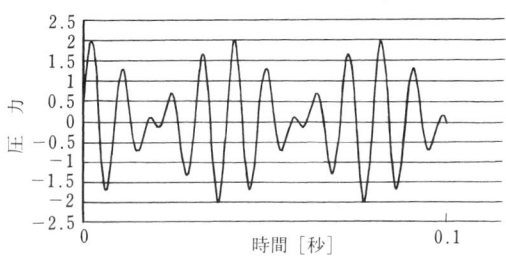

(c) 上記 2 つの正弦波の合成

図 1.5　2 つの正弦波の音の合成

音の数が多くなるにしたがって，合成された波はいっそう複雑な形となり，一見して正弦波とは思えなくなる．このように，規則性を見出すことが困難な複雑な波も，多くの単純な正弦波に分けて解析すると便利である．これが Fourier（フーリエ）変換であり，数学的に式で示すことができるが，その

式をその都度求めて計算していたのでは長時間を要するので，これを測定器で行うのが高速フーリエ変換器（fast fourier transformer，通称FFT）である．

1.4 音は悪者ばかりではない

　音のなかでも人々に好まれない騒音は静音化しなくてはならないが，音にはいろいろな情報がその中に含まれており，その情報を上手に利用して人々の生活の向上や安全に役立てることも必要である．

　音のなかでも音楽は人々の気持ちを穏やかにしてくれるし，疲労を回復することもできることは，多くの人々が経験するところである．生産工場においても仕事中に音楽を流して能率を高めている所もある．音楽が人々の心理面，健康面に良い影響を与えていることはよく知られている．

　さて，自動車騒音が社会的に問題となり人々に悪い影響を及ぼしている．とくに，高速で多数の大型車が走行する高速道路などではその影響は大きく，防音壁を設けるなどの対策も取られている．しかし，もし狭い道路を自動車やバイクが音を全く出さないで走行してくることになれば，交通事故が多発して大変である．自動車やバイクが音を出して走行してくることによって，人々は後ろから来る自動車やバイクを見ることなく認知し，自ら道路の片側へ移動したり，安全上の対策を講じているのである．すなわち，自動車やバイクの出す音は人々に対して"近づいて来ましたよ"と知らせているのである．さらに，その音をよく聴くと，ディーゼルエンジンの大型トラックか，ガソリンエンジンの普通車かミニカーかなど車種も知ることができるほか，その車のスピードの程度も知ることができる．自動車の出す音にも多くの情報が含まれていて，交通事故に対するある程度の安全対策を，音に含まれる情報から講じることができるのである．

　さらに，事故に対する対策として昔から鉄道車両の検査に音が採用されている．長時間走行している車両の車輪やレールは，走行の衝撃や温度変化による熱応力，材料の疲労などによって"割れ"が発生することがある．この

割れは小さいときに発見して対策を講じないと大きな事故を発生する危険がある．大きい車輪に生ずる小さい割れを肉眼で発見することは困難である．そのため，小さいハンマで車輪を打つことにより発生する音を聞いて，人の頭脳に記憶されている割れの無い車輪を打ったときの音との相違を感知して異常を知り，それをもとにさらに精密に検査して小さい割れの位置を発見している．多数の車輪の異常を短時間に発見するためには，打撃により発生する音の異常を利用することは安価で簡便な方法であるため，以前から利用されてきた．

物体に割れ，破損，形状の変化，材質の変化などが発生すると，物体の打撃音の周波数が変化するのである．このような周波数の変化は，楽器の音階の違いを人々が容易に知ることができるように，かなり精密に感知することができる．

音はこのほかにも多く利用されており，産業界においては，生産されてコンベヤ上を移動する製品の個数や異常も検出できる．さらに，人々には聞こえない高い周波数の音を室内へ出し，室内に火災が発生して空気の流れが生じたり，外部から人が室内へ進入するなどして音を反射する物体があると，これを検知し防災や防犯などビル管理に役立てるという仕組みもある．

さらに，計測分野にも利用され，長さ，変位，形状，体積，枚数，個数の測定など広い分野に活用されている．身近な例では，道路の交差点などで自動車の渋滞を自動的に検知する図1.6の車両感知器も音を利用したものであ

図1.6　車両感知器

る．そのほか，魚群探知機のような漁業用，音のエコーを画像表示して生体内の臓器や胎児の診断をはじめとする医療用，そのほか，農業，醸造，洗浄，加湿，加工などきわめて広い分野で利用されており，人々の生活の向上に大きな役割を果たしている．

第2章
騒音の性質を知ろう

　音にはいろいろな性質があり，また，いろいろ特有な言葉が使われている．それらを知ることが音を理解するうえできわめて大切である．

2.1　音が発生すると圧力が高くなる

　音が空気中を伝わる場合は，空気粒子の密なところと疎なところが交互に現れる空気粒子の波が発生するが，その波の山は大気圧に比べて圧力が高く，谷は圧力が低い．いま，大気中に音が無いときの圧力（大気圧）を P_0 とし，音が発生して圧力が P_1 になったとすると，その両者の圧力の差を音圧と呼んでいる．すなわち，音圧 p は，

$$p = P_1 - P_0 \tag{2.1}$$

となる．

　この音圧は波としてつねに変動しているので，音圧を示すのに不便である．そこで，実効値で表示することになっている．その方法は，一定の時間領域における音圧の2乗の時間平均を求めて，その平方根をとることによって実効値が得られ，音圧は一定値となる．すなわち，

$$p_e = \sqrt{\frac{1}{T}\int_0^T p^2 dt} \tag{2.2}$$

ここで，T：一定の時間

　一定の周波数の正弦波の音圧の実効値は，図1.3に示す圧力の片振幅 a

の $1/\sqrt{2}$ 倍である．

　音が発生したときに圧力が高くなるといっても，その音圧は大気圧に比べるときわめて小さいものである．大気圧はおよそ 1×10^6 μbar であるが，健康な聴力をもつ若い人が聴くことのできる音圧（可聴音圧という）は，音の周波数が 1000 Hz の場合は最小が約 2×10^{-4} μbar であり（最小可聴音圧という），最大が約 2×10^3 μbar である（最大可聴音圧という）．

　しかし，これらの音圧は人の年齢によって，また音の周波数によっても異なり，年齢は 20 才前後の健康な人がもっとも敏感であり，周波数は 2000～5000 Hz の間でもっとも鋭く感じる．年齢が加わるにしたがってしだいに難聴へ移動し，とくに周波数の高い音が聞き取り難くなる．これを老人性難聴と呼んでいる．これに対して若い人でも工場などの騒音の大きいところで長時間作業すると難聴になることがある．これを産業性難聴という．

　音圧を示す単位としては，以前は N/m^2（N はニュートン）が用いられていたが，世界的に統一された SI 単位の採用によって Pa（パスカル）が使用されている．両者の間には次の関係があるので知っておくとよい．

$$1\,\mathrm{Pa}=1\,\mathrm{N/m^2}=10\,\mu\mathrm{bar} \tag{2.3}$$

　最大可聴音と最小可聴音のそれぞれの音圧を比較すると約 10^7 程度の数値の桁数の違いがある．このような大きな違いがあると表示するのに不便である．そこで，簡単で便利な表示方法として音圧レベル（sound pressure level）L_p が用いられている．

　音圧レベルは音圧の基準値 p_0 に対する音圧 p の比の対数を取ることによって桁数の違いを小さくしている．音圧の基準値は国際的に統一されており，正常な聴力をもつ 20 才前後の若い人の 1000 Hz の周波数の最低の可聴音圧の平均値にほぼ等しく，$p_0=2\times10^{-5}$ Pa が採用されている．音圧はもちろん実効値を用い，音圧レベル L_p の単位は dB である．音圧レベルは次の式となる．

$$L_p=20\log_{10}\frac{p}{p_0}\quad[\mathrm{dB}] \tag{2.4}$$

　この式からわかるように，$p=p_0$ なら $L_p=0$ となる．したがって，音圧レ

ベルが 0 とは，音が存在していないのではなくて，最低可聴音圧の音が存在していることを意味している．

音圧と音圧レベルとの関係を，式(2.4)を用いて計算した結果を示すと，表 2.1 となる．音圧の数値の桁数に比べて音圧レベルのそれは小さく，図表に示すのに便利であることがわかる．両者を片対数グラフに示すと直線となる．

表 2.1 音圧と音圧レベルとの関係

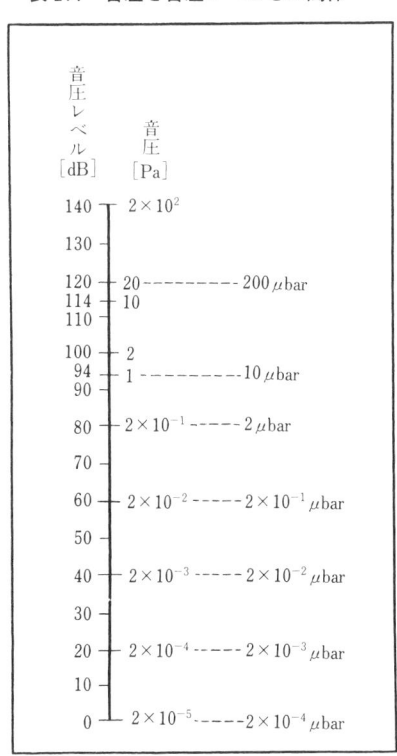

2.2 音の伝わる速さは

音は空気中のみならず液体や固体中でも伝わるが，伝わる速さはその物質によって大きな違いがある．騒音は空気中を伝わる音が主として問題になるので，空気中について考えてみよう．

いま，一定の周波数の音が空気中に発生すると，図1.3に示すような波が生ずる．この波は時間の経過と共に音の伝わる方向に移動してゆく．空気はその圧力，温度，体積などによりその状態が定まってくる．空気は外部条件の変化により，次々とその状態を変えてゆく．したがって，音の伝わる速さも大気圧，温度，比熱などが変化すると変ってゆく．

周辺の影響を受けない十分に広い空気中を伝わる音の速さは，次の式で示される．

$$c = \sqrt{\frac{\gamma P_0}{\rho}} \tag{2.5}$$

ここで，ρ：空気の密度
　　　　P_0：大気圧
　　　　γ：比熱比（定圧比熱と定積比熱との比）

この式から，大気圧が一定であると，音の伝わる速さは空気の密度の平方根に反比例していることがわかる．すなわち，空気中よりは水素のように密度の小さい気体中を伝わる音の速さが速いことがわかる．

さらに，音の伝わる速さは比熱比の平方根に比例している．比熱比は気体の種類により次の値にきわめて近い数値を示す．

　　単原子気体（He, Ar など）　　　　　　$\gamma = 1.667$
　　2原子気体（H_2, N_2, O_2 など）　　　　$\gamma = 1.400$
　　3原子気体（CO_2, H_2O（水蒸気）など）$\gamma = 1.330$

そこで，密度の異なる種々の気体について音の伝わる速さを求めると，**表2.2**となる．気体によって音の伝わる速さはかなり相違があることがわかる．

音の伝わる速さは空気の温度が高くなるほど速くなり，両者の間に次の関

表2.2 気体内の音の速さ

物質	密度 [kg/m³]	音の速さ [m/s]（温度0℃）
アンモニア	0.771	415
アルゴン	1.784	319
空気	1.293	331.5
一酸化炭素	1.250	337
酸素	1.429	317
水蒸気(100℃)	0.598	404.8
水素	0.08988	1269.5
窒素	1.251	337
メタン	0.7168	430
ネオン	0.9004	435

係がある．

$$c = c_0 \sqrt{1 + \frac{\theta}{273}} \tag{2.6}$$

　　c_0：0℃における音の伝わる速さであり，約 331.5 m/s である．
　　θ：空気の温度［℃］

したがって，

$$c = 331.5 \left(1 + \frac{\theta}{273}\right)^{1/2}$$

$$\fallingdotseq 331.5 + 0.61\theta \quad [\text{m/s}] \tag{2.7}$$

15℃の空気中では $c=340.7$ m/s，20℃では $c=343.7$ m/s となる．このように空気の温度と音の伝わる速さはほぼ比例関係がある．

　この音の速さは空気が流動しない空間におけるものであるが，一般に屋外においては風が吹いたり空気の流動を伴う場合が多い．風が吹く場合には，風と同じ方向に音が伝わる速さは，式(2.7)に示す音の速さに風の速さが加算されるため，音の速さが大きくなる．反対に風の吹く方向と逆方向に音が伝わる場合は音の速さは小さくなる．屋外においては風は常に一定の方向に一定の速さで吹いているとは限らないし，時間と共に空気の温度も変化するので，音の伝わる速さも常に変化していると見なすことができる．

　屋外において音が伝わるとき，一般に障害物がある場合が多い．その場合

には音は障害物と反射を繰り返しながら伝わるため，見かけ上，音の速さが遅くなったように感じることがあるので，音の伝わる経路と距離に注意することが大切である．

ちなみに，液体中における音の速さは**表2.3**に示すように，空気や他の気体内の速さに比べて大きい．また，固体内における音の速さは固体の形状によりかなり異なり，棒状の固体内を伝わる縦波の場合について**表2.4**に示す．いずれも固体内の音の伝わる速さは気体よりもかなり大きいことがわかる．

表2.3　液体内の音の速さ

物質	密度 [10^3kg/m³]	音の速さ [m/s] (温度 20〜25℃)
水(蒸留)	1.00	1500
海水(塩分 3/100)	1.02	1513
水銀	13.6	1450
エチルアルコール	0.786	1207
グリセリン	1.26	1986
クロロホルム	1.49	995
ベンゼン	0.87	1295
重水	1.105	1381
二硫化炭素	1.26	1149

表2.4　固体内の音の速さ

物質	密度 [10^3kg/m³]	音の速さ [m/s] (棒の縦波の速さ)
亜鉛	7.18	3850
アルミニウム	2.69	5000
黄銅(70 Cu，30 Zn)	8.6	3480
金	19.32	2030
銀	10.49	2680
ジュラルミン	2.79	5150
スズ	7.3	2730
ステンレス鋼(347)	7.91	5000
鉄	7.86	5120
銅	8.96	3750
鉛	11.34	1210
ポリエチレン(軟質)	0.90	920
ポリスチレン	1.056	2240

2.3 音もエネルギーである

　音源で発生した音を伝える役目を果たしている空気の粒子は，振動しながら人々の耳に到達する．したがって，空気の粒子はある振動速度をもって移動している．これを粒子速度と呼んでいる．

　音が発生していると，質量をもった空気の粒子がある速度で移動していることになり，音はエネルギーをもっていることになる．しかし，空気粒子の質量はきわめて小さいので，この音のエネルギーもきわめて小さいと考えればよい．

　いま，x軸の正の方向に空気の粒子が振動しているとする．粒子の変位をξとすると，粒子速度uは，

$$u = \frac{\partial \xi}{\partial t} \tag{2.8}$$

となる．この粒子速度は音圧に比例しており，粒子速度が大きくなるほど音圧も大きくなり，騒音は大きくなる．

　騒音の大きいところでは，グラスウールやロックウールなどの吸音材を用いて騒音を吸収し，音圧を低くしているが，これらの吸音材の構成として，柔らかい繊維を用いた多孔質が多く用いられており，音が内部まで伝わりやすくなっている．吸音材の表面から内部へ音が伝わるにしたがって，空気粒子の振動が繊維に伝わり，さらに吸音材内部の空気の粘性により音として振動していた空気粒子は次第に静止状態となる．

　騒音を吸音材などを用いて吸収することの意味は，音のエネルギーを熱エネルギーへ変換して音圧を低くしているのである．したがって，繊維のように柔軟性のある材料で空気粒子の振動が伝わりやすく，多孔質で音が内部へ入りやすく，内部において何度も反射するような構造になっていると，音は早く熱エネルギーに変換することになる．音がすべて熱エネルギーに変ることによって，人々は音が消えたと感じるのである．

2.4 高い音と低い音

　人々が音を聞いたとき，高い音や低い音の感覚を経験している．音の高低は主として周波数が関係し，周波数の大きい音は高く感じ，周波数の小さい音は低く感じる．しかし，周波数のほかにも音の波形や音の大きさにも影響されるほか，音の持続時間も関係し複雑である．

　いま，楽器を例にして音の高低を考えてみよう．弦楽器の弦を強く張って演奏すると高い音を発生する．さらに，琴やバイオリンに見られるように，弦を支える琴柱やブリッジ（駒）の位置を変えたり，弦を指先で押す位置を変えて弦の長さを短くすると高い音がでる．さらに，弦の太さ（単位長さ当たりの質量）にも関係し，高い音をだす弦は細くなっている．このように，弦の振動数を大きくして高い周波数の音をだすには，

① 　弦を張る力を大きくし，
② 　弦の長さを短く，
③ 　弦の太さを細く，

するとよい．これらの3要素が，弦からでる音の周波数に影響する主な因子である．

　このように，主として周波数が音の高さに関係しており，周波数は音の特性を示す大切な要素の1つである．騒音を扱う場合には一定の周波数ごとに区分し，それぞれの帯域（これをバンドと呼ぶ）における騒音レベルの分布を測定することが多い．

　いま，隣り合った a, b 2つの周波数バンドを考え，それぞれの中心の周波数を f_a, f_b とする．$f_a < f_b$ の場合には，

$$n = \log_2 \frac{f_b}{f_a} \tag{2.9}$$

において，$n=1$ の場合の周波数バンドをオクターブバンド，$n=1/2$ の場合は1/2オクターブバンド，$n=1/3$ の場合は1/3オクターブバンドという．日本ではオクターブバンドと1/3オクターブバンドが多く使われている．オクターブバンドレベルは表2.5に示すように，オクターブ間隔ごとに騒音の

表2.5 オクターブと1/3オクターブバンド周波数

周波数 [Hz]						周波数 [Hz]					
オクターブ			1/3オクターブ			オクターブ			1/3オクターブ		
下限	中心	上限	下限	中心	上限	下限	中心	上限	下限	中心	上限
11	16	22	14.1	16	17.8	355	500	708	447	500	562
			17.8	20	22.4				562	630	708
			22.4	25	28.2				708	800	891
22	31.5	44	28.2	31.5	35.5	708	1000	1414	891	1000	1122
			35.5	40	44.7				1122	1250	1414
			44.7	50	56.2				1414	1600	1778
44	63	89	56.2	63	70.8	1414	2000	2828	1778	2000	2239
			70.8	80	89.1				2239	2500	2818
			89.1	100	112				2818	3150	3548
89	125	178	112	125	141	2828	4000	5650	3548	4000	4467
			141	160	178				4467	5000	5623
			178	200	224				5623	6300	7079
178	250	355	224	250	282	5650	8000	11310	7079	8000	8913
			282	315	355				8913	10000	11220
			355	400	447				11220	12500	14140
						11310	16000	22620	14140	16000	17780
									17780	20000	22390

周波数を区切って表示した音圧レベルのことである．オクターブバンドでは $n=1$ であるから，式(2.9)より $f_b=2f_a$ となる．また，1/3オクターブバンドでは $n=1/3$ であるから，$f_b=2^{1/3}f_a=1.25f_a$ となる．表2.5を見てもわかるように，1/3オクターブバンドはオクターブバンドを小さく3分割した周波数バンドであることがわかる．

オクターブバンドの系列は1kHzを1つの中心周波数とするように国際的に推奨されていて，これが採用されているため，中心周波数は16, 31.5, 63, 125, 250, 500 Hz, 1, 2, 4, 8, 16 kHzである．

騒音レベルの周波数による変化を詳しく調べようとするには，周波数帯域が狭い方が好ましい．したがって，全周波数域の大きな騒音レベルの変化を大まかに把握するにはオクターブバンドを用い，周波数域におけるいっそう詳しい変化を調べるには1/3オクターブバンドを用いたほうがよい．

各周波数バンドにおいてもっとも低い周波数を低域しゃ断周波数 f_l とい

い，もっとも高い周波数を高域しゃ断周波数 f_h という．f_l と f_h との間に中心周波数 f_n がある．これら3者の間に次の関係がある．

$$f_n = \sqrt{f_l \cdot f_h} \tag{2.10}$$

オクターブバンドの場合には，先に示した $f_h = 2f_l$ の関係があるのでこれを用いると，

$$f_n = \sqrt{f_l \cdot 2f_l} = 1.414 f_l \tag{2.11}$$

1/3オクターブバンドの場合では $f_h = 2^{1/3} f_l$ の関係があるので，これを用いると，

$$f_n = \sqrt{f_l \cdot 2^{1/3} f_l} = 1.122 f_l \tag{2.12}$$

となる．

オクターブバンドと1/3オクターブバンドのそれぞれの中心周波数と低域しゃ断周波数（下限）および高域しゃ断周波数（上限）を表2.5に示した．

楽器などからでる音はたくさんの周波数を含んでいることがある．このように，周波数の異なるいくつかの純音からなる音を複合音（complex tone）という．複合音を構成している周波数の異なるいくつかの純音の中で周波数のもっとも低い音を基音（fundamental tone）という．これは複合音の波形の周期を形成するもので基本音とも呼ばれている．複合音において，基音以外の音を上音（over tone）という．上音のなかで各成分の周波数が整数比の関係になっているときは，これを倍音（harmonics）という．第 n 倍音とは基音の n 倍の周波数をもつ音である．弦や管の振動音は倍音となる．しかし，膜や板の振動音の場合には，それぞれの周波数は整数比にならないので倍音ではない．

人々が複合音を聞くと，それぞれの周波数の音の最大公約数の周波数の音の高さに聞こえる．たとえば，周波数がそれぞれ600，800，1000，1400 Hzの4つの成分をもつ複合音の場合には，これらの最大公約数の200 Hzの高さとなる．

2.5 音と電気との関係

　音を伝える空気の粒子は，平均位置の付近で音の進行方向に前後に動き振動している．粒子速度は空気の粒子が振動している速さであるから，交互に正になったり負になったりするので正弦波として示すことができる．そこで，粒子速度も音圧と同様に一般には実効値で表示している．

　ところで，音の伝わり方は電気の伝わり方とよく類似しており，音の伝わり方を考えるとき，電気回路に置き換えて考えると便利である．電気の知識を基にして音の原理を類推することができる．

　電圧を音圧に，電流を粒子速度に対応させると，電力は音の強さに対応する．電気回路では，

　　　電圧＝抵抗×電流

　　　電力＝抵抗×電流^2＝電圧^2/抵抗＝電流×電圧

であるから，これらの関係を音に変換すると，

$$p = \rho c u = z u \tag{2.13}$$

$$I = \rho c u^2 = p^2/\rho c = p u \tag{2.14}$$

となる．ρ は空気の密度，c は音の伝わる速度，u は粒子速度，I は音の強さである．

　式(2.13)において $z = \rho c$ は電気の抵抗に対応しているが，音では**表 2.6**に示すように，物質によって決まる定数である．なお，液体および固体についても示したが，気体との間には大きな桁数の違いがある．この場合，音圧も粒子速度も単位面積を考えている．この z を固有音響抵抗（specific acoustic resistance）または比音響インピーダンス（specific acoustic impedance）または音響インピーダンス密度（acoustic impedance density）という．それぞれについている「固有」「比」「密度」は単位面積当たりで考えているためである．

　これに対して，面積が S の管内に音圧 p が作用している場合には，体積速度は Su であるから，

表2.6 種々の物質内の固有音響抵抗

(0°C, 1 atm)

媒質	密度 ρ [kg/m³]	音の伝わる速度 c [m/s]	固有音響抵抗 ρc [Ns/m³]
空気	1.29	331	427
炭酸ガス	1.98	266	527
水素	0.0899	1270	114
ヘリウム	0.179	970	174
酸素	1.43	317	453
窒素	1.25	337	421
水	1×10^3	1500	1.5×10^6
アルミニウム	2.69×10^3	6420	1.73×10^6
ニッケル	8.85×10^3	6040	5.35×10^7
鉄	7.86×10^3	5950	4.68×10^7
ガラス	$2.4 \sim 6.2 \times 10^3$	$3980 \sim 5440$	$1.22 \sim 2.35 \times 10^7$
水銀	13.6×10^3	1450	1.97×10^7
銅	8.96×10^3	5010	4.49×10^7
金	19.32×10^3	3240	6.27×10^7

$$\frac{p}{Su} = Z \tag{2.15}$$

この Z を音響インピーダンス（acoustic impedance）という．

　電気回路において抵抗は電流の流れやすさを判断する要素であるように，音響インピーダンスは音響の伝わりやすさを判断する大切な要素である．空気と液体，あるいは空気と固体のように音響インピーダンスの大きく異なる物質が接触している面では，電気抵抗の大きいところにおいて電流が流れ難いのと同様に，一方から伝わる音は接触面での反射が大きく，他方へ伝わり難いことになる．

2.6　強い音と弱い音

　音はエネルギーであるから，音が伝わるとエネルギーが伝わることになる．音の強さは，音源からでる音が進行方向に垂直な単位面積を単位時間に通過する音のエネルギーで定義される．音の強さを示す式は，さきに式

図 2.1　平面波の伝わり方

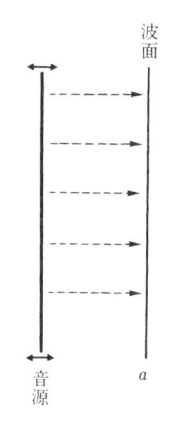

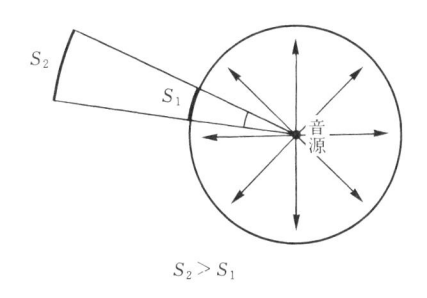

図 2.2　点音源からの音の伝わり方

$S_2 > S_1$

(2.14)に電気回路との関連で示した通りである．

　音が伝わるときに，音の進行する波面が平面をなす場合にこれを平面波（plane wave）という．無限大の平面が往復運動する音源からでる音は平面波である．しかし，無限大の平面は存在しないので，ある程度大きい平面で，音源からある範囲内であれば平面波とみなしている．図 2.1 に示すように平面波は音源と平行に右の方へ伝わるので，音の伝わる面積は音源から離れても変化しない．したがって，空気による音の減衰を考えなければ，音の強さは距離によって変化しない．

　しかし，音源の形状が変化して点状の音源（点音源）になると，音源の周りに障害物が無ければ音は球状に拡大して伝播してゆく．したがって，図 2.2 に示すように音源から離れるにしたがって音の伝わる面積は大きくなるため，単位面積当たりの音響エネルギーは小さくなり，弱い音となる．

　正常な聴力をもつ 20 才前後の若い人が，音を聞いて耳を損傷しない範囲における最大の強い音は約 10 W/m^2 である．反対に耳で感じることのできる最も弱い音は約 10^{-12} W/m^2 である．この数値は先に示した音圧の基準値 $p_0 = 2 \times 10^{-5}$ Pa と式(2.14)を用いて計算によって求めることもできる．気温が 20°C の場合について計算すると，音の速度 $c = 344$ m/s，空気の密度 $\rho =$

1.205 kg/m³ を用いて式(2.14)から，

$$I_0 = \frac{p_0^2}{\rho c} = \frac{(2\times 10^{-5})^2}{1.205\times 344} = 0.965\times 10^{-12} \text{ W/m}^2$$

となり，$I_0 = 1\times 10^{-12}$ W/m² を得ることができる．これが音の強さの基準となる．

　音圧の場合と同様に音の強さも dB 値で表示すると便利である．そのため，音の強さを音の強さのレベル（sound intensity level）L_I に変換して表示する．音の強さのレベル L_I は $I_0 = 10^{-12}$ W/m² を音の強さの基準とし，音圧レベルを求めた式と同様に，

$$L_I = 10\log_{10}\frac{I}{I_0} \quad [\text{dB}] \tag{2.16}$$

となる．

　音の強さは式(2.14)からわかるように，音圧の 2 乗に比例しているので，この関係を式(2.16)に用いると，

$$L_I = 10\log_{10}\frac{I}{I_0} \fallingdotseq 10\log_{10}\frac{p^2/\rho c}{p_0^2/\rho c} = 10\log_{10}\frac{p^2}{p_0^2}$$

$$= 20\log_{10}\frac{p}{p_0} = L_p \tag{2.17}$$

となり，音の強さのレベルは音圧レベルに等しいと見なしてよいことがわかる．

　たとえば，音の強さが 1 W/m² の場合には音の強さのレベルは，

$$L_I = 10\log_{10}\frac{1}{10^{-12}} = 120 \quad [\text{dB}]$$

となり，音圧レベルも 120 dB である．一般には音の強さのレベルよりも音圧レベルとして使う場合が多い．

　表 2.7 に音の強さ，音の強さのレベルおよび音圧の関係を示す．

2.7　音を出す力

　物体が振動するとその周辺の空気が振動し音を発生する．さらに，高い圧

2.7 音を出す力

表2.7 音の強さ,音の強さのレベルおよび音圧の関係

音の強さ [W/m²]	音の強さのレベル [dB] =	音圧レベル [dB]	音圧 [Pa]
10^2	140		2×10^2
10	130		
1	120		20
10^{-1}	110		
10^{-2}	100		2
10^{-3}	90		
10^{-4}	80		2×10^{-1}
10^{-5}	70		
10^{-6}	60		2×10^{-2}
10^{-7}	50		
10^{-8}	40		2×10^{-3}
10^{-9}	30		
10^{-10}	20		2×10^{-4}
10^{-11}	10		
10^{-12}	0		2×10^{-5}

力の気体や液体が急に噴出すると,周辺の空気も振動し音を発生する.音源が音を出す能力を知ることは大切である.

　音源の周辺に発生する音圧レベルは,音源から出る音のエネルギーに依存する.音源から1秒間に放射される音のエネルギーを,その音源の音響出力(acoustic power)という.その単位はW(ワット)である.音源の音響出力を知ることによって周辺の音圧レベルを予測することができる.

　いま,十分に小さい点状の音源が音響出力 P [W] をもって,きわめて広い障害物の無い空間(これを自由空間という)にある場合を考えてみよう.音源から出る音響エネルギーは,自由空間のすべての方向に一様に放射すると考える.実際に存在する音源には,方向によって放射するエネルギーが一様でない場合がある.しかし,これを考えると複雑になるので,簡単化するために音響エネルギーは一様に放射されると考える.さらに,空気には粘性や質量があるので空気中を音が伝わるとわずかに減衰するが,これは無視し

ても差し支えないとしよう．このような条件のもとでは音は音源から球状に広がってゆく．したがって，音源から距離 r における音の強さ I は，音源の音響出力を P とすると，球の表面積 $4\pi r^2$ を用いて，

$$I=\frac{P}{4\pi r^2}\quad [\text{W/m}^2] \tag{2.18}$$

となる．

さらに，点状の音源が広い床面上にある場合（半自由空間という）には，音は半球面状に広がるので表面積は $2\pi r^2$ となる．

$$I=\frac{P}{2\pi r^2}\quad [\text{W/m}^2] \tag{2.19}$$

小さい寸法の指向性の無いモータなどを工場の床面に置いて運転している場合には，音源からある程度離れると半自由空間に点音源があると見なすことができ，式(2.19)が適用できる．

音響出力の大きさについても，音圧レベルや音の強さのレベルと同様に dB 単位で表示すると便利である．これが音響パワーレベル（acoustic power level）L_W であり，式(2.16)と同様に次の式で示される．

$$L_W=10\log_{10}\frac{P}{P_0}\quad [\text{dB}] \tag{2.20}$$

P_0 は音響出力の基準値で，$P_0=10^{-12}$ W である．音響出力と音響パワーレベルを対比すると**表**2.8 となる．この表を見るとわかるように，音響出力は数値の桁数の範囲が広いのに対して，音響パワーレベルは桁数が少ないので表示に便利であることがわかる．

音源が一定のパワーレベルの音を出している場合に，音源周辺の音圧レベルを示す式を求めてみよう．まず，障害物の無い空間に音源がある場合に，音の伝わる面積を S とすると式(2.18)より，

$$\frac{I}{10^{-12}}=\frac{P}{10^{-12}}\cdot\frac{1}{S} \tag{2.21}$$

となる．両辺の対数をとると，左辺は音の強さのレベル L_I，または音圧レベル L_P となり，音の強さのレベルと音響パワーレベルとの間に次の関係が成立する．

表 2.8 音響出力と音響パワーレベルとの関係

出力 [W]	パワーレベル [dB]
10^4	160
10^3	150
10^2	140
10	130
1	120
10^{-1}	110
10^{-2}	100
10^{-3}	90
10^{-4}	80
10^{-5}	70
10^{-6}	60
10^{-7}	50
10^{-8}	40
10^{-9}	30
10^{-10}	20
10^{-11}	10
10^{-12}	0

$$L_I = L_W - 10 \log S \tag{2.22}$$

自由空間に点状の小さい音源がある場合には $S=4\pi r^2$ を代入して,

$$L_I = L_p = L_W - 20 \log r - 10 \log 4\pi$$
$$= L_W - 20 \log r - 11 \tag{2.23}$$

障害物の無い床面上に小さい点状の音源がある場合は, $S=2\pi r^2$ となり, 同様にして音圧レベルとパワーレベルとの関係式を導くと次のようになる.

$$L_p = L_W - 20 \log r - 8 \tag{2.24}$$

音源の音響出力あるいは音響パワーレベルを直接測定することは困難であ

るから，音源周辺の音圧レベルを測定し，式(2.23)または式(2.24)を用いて L_P を計算し，音源の音響出力を知ることができる．また，逆に音響出力が既知の音源がある場合には，これらの式を用いて音源周辺の音圧レベルを計算することもできる．

2.8 音の大きさ

音圧，音の強さ，音の高さ，音響出力などは，いずれも音の物理量に関するものである．しかし，この節で扱う音の大きさ（loudness）は，人が音を聞いたときの感覚量の大きさを示すものである．音の大きさは音圧が高いほど大きく感じるもので，主として音圧が支配的であるが，音の周波数によっても影響される．とくに，周波数が 100 Hz 以下の低い音は，同じ音圧でも周波数が低くなるにしたがって音の大きさは小さくなる．一般に音の大きさは，音の大きさのレベル（loudness level）で表わす．その単位は［phon］である．

音の大きさのレベルを決める基準となるのは 1000 Hz の純音の音圧レベルと同じ値を用い，これを phon で示している．たとえば，1000 Hz の純音の音圧レベルが 80 dB である音を聞いたときのその音の大きさのレベルは 80 phon である．数値が大きいほど大きく聞こえる．しかし，80 phon の音は 40 phon の音より 2 倍大きく聞こえるという関係ではなく，また，40 phon の大きさの音を同時に 2 つ聞いても 80 phon に聞こえるわけではない．

音の大きさを決めるのは音圧のほかに周波数である．同じ音圧でも周波数が異なると音の大きさも異なる．そこで，各周波数ごとに音の大きさのレベルを求めて，等しい大きさのレベルとなる音圧レベルを結んでできる曲線を等感曲線（equal-loudness contours）または等ラウドネス曲線という．

図 2.3 に国際規格の ISO[1] にも採用されている等感曲線[2] を示す．図中に記入した数字が音の大きさのレベル phon である．この図を見ると，横軸の周波数が 1000 Hz においては，音の大きさのレベルが 80 phon の点の音圧レベルは，図の縦軸を見ると 80 dB であることがわかる．しかし，周波数

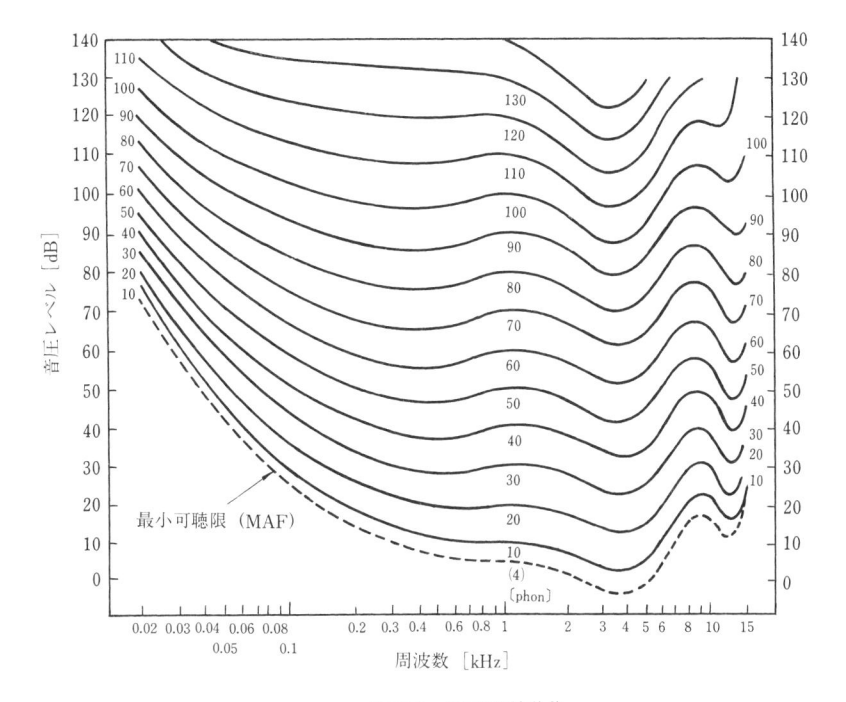

図 2.3 等感曲線 [1),2)]

が 50 Hz になると，音の大きさのレベルが 80 phon の曲線と交わる点の音圧レベルは 94 dB であり，周波数がさらに小さくなって 30 Hz になると音圧レベルは 102 dB となる．すなわち，1000 Hz では音圧レベル 80 dB の音が，30 Hz になると 102 dB の音圧レベルを出さないと同じ大きさの音に聞こえないことを意味している．

この図はもともと Robinson と Dadson の二人が，正常な聴力をもつ多数の若い人々に対して実験して得た結果を基にして作成したものであり，年齢が 20 才から高齢になるにしたがって，とくに高い周波数における曲線に大きな変化が現れる．

等感曲線を見るとわかるように，人間の音に対する感覚は周波数の低い領域では音圧レベルが高くないと音を十分に感じない．たとえば，30 Hz の周

波数の音では 50 dB の音圧レベルは人間には音として感じなくなる．最低可聴周波数の 20 Hz ではもっとも感度が低く，3000～5000 Hz の範囲にもっとも感度の高い周波数があることがわかる．

　人は 1000 Hz の純音では，音圧レベルが 10 dB 増すと感覚的に音の大きさが 2 倍になったと感じる．たとえば，1000 Hz の純音で音圧レベルが 40 dB の音は音の大きさのレベルが 40 phon であり，10 dB 増して 50 dB の音圧レベル，すなわち音の大きさのレベルが 50 phon になると感覚的に 2 倍になったと感じる．さらに，10 phon 増して 60 phon になると，50 phon の場合より音の大きさが 2 倍になったと感じる．

　そこで音の大きさの単位として倍数関係があると便利である．すなわち，音を聞いたときに大きさが 2 倍に聞こえれば 2 倍に，3 倍に聞こえれば 3 倍になるような単位である．その単位がソーン［sone］である．1000 Hz の周波数で音圧レベル 40 dB の純音を聞いたときの音の大きさを 1 sone と定義している．音圧レベル 50 dB になると 2 倍に聞こえるので 2 sone，音圧レベルが 60 dB になるとさらに 50 dB の 2 倍に聞こえるので 4 sone である．

　1000 Hz の純音の大きさと音圧レベルとの関係を図 2.4 に示す．1000 Hz の周波数の音であるから，図 2.4 の横軸の音圧レベルは音の大きさのレベル

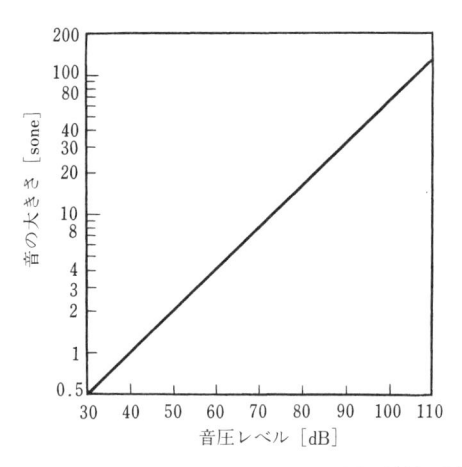

図 2.4　音圧レベルとソーンとの関係（1000 Hz の純音）

と見なしてよい．図を見るとわかるように音の大きさ［sone］を対数目盛で示すと，音圧レベルとの間に直線関係が成立している．すなわち，両者の関係を式で示すと次のようになる．

$$S = 2^{(L-40)/10} \tag{2.25}$$

ここで，S：音の大きさ［sone］

L：音の大きさのレベル［phon］または音圧レベル［dB］

オクターブバンドや 1/3 オクターブバンドのように周波数の各バンドレベルごとの sone 値 S_i を知って音の大きさのレベル L［phon］を求める計算式が，Stevens によって次のように示されている．

オクターブバンドの場合，

$$S = S_{max} + 0.3 \left(\sum_i S_i - S_{max} \right) \tag{2.26}$$

ここで，S_{max}：S_i の最大値

1/3 オクターブバンドの場合，

$$S = S_{max} + 0.15 \left(\sum_i S_i - S_{max} \right) \tag{2.27}$$

となる．

音の大きさのレベル L［phon］は式(2.25)から，

$$L = 40 + 33.2 \log_{10} S \tag{2.28}$$

である．

2.9 騒音レベル

騒音は人間に対して好ましくない音であり，人間を対象としているので，音圧レベルで扱ったような物理的な評価より，音の大きさのレベルのように人間に対する感覚的な評価の方が適している．しかし，音の大きさのレベルは 2.8 節に示すように周波数の低い範囲では音圧レベルを高くしないと大きな音に聞こえない．すなわち，音の大きさのレベルが音圧レベルよりかなり低くなっている．

そのため，図 2.3 に示す等感曲線に相当する周波数の補正を考慮する必要がある．この周波数補正を測定器の中に組み込んで，人間が感じる音の大きさに等しい量を計測するようにしたのが，騒音計の A 特性であり，A 特性を用いて測定した指示値が騒音レベル（sound level）である．L_A や SL の記号を用いている．騒音レベルの単位には dB (A) を用いている．A 特性を用いるため dB の後ろに (A) を付して音圧レベルと区別している．

騒音レベルの単位として日本では古くから［ホン］を用いてきたが，国際的には dB (A) であり，日本でもこれが多く採用されている．しかし，日本の計量法でも騒音の測定に A 特性を用いることが決まっているので，騒音レベルと記されているときには (A) を省略し dB で表示してもよいことになっている．しかし，騒音レベルの表示が無い場合には，dB (A) と記入しないと音圧レベルと間違ってしまう．

日本で用いてきた［ホン］は騒音レベルの単位であり，先に述べた［phon］は音の大きさの単位である．[phon] は日本語で書くなら［フォーン］である．両者はこのように違うものである．

表 2.9　A 特性と C 特性の基準レスポンス（JIS）

周波数 [Hz]	基準レスポンス		周波数 [Hz]	基準レスポンス	
	A 特性 [dB]	C 特性 [dB]		A 特性 [dB]	C 特性 [dB]
20	−50.5	−6.2	630	−1.9	0
25	−44.7	−4.4	800	−0.8	0
31.5	−39.4	−3.0	1000	0	0
40	−34.6	−2.0	1250	0.6	0
50	−30.2	−1.3	1600	1.0	−0.1
63	−26.2	−0.8	2000	1.2	−0.2
80	−22.5	−0.5	2500	1.3	−0.3
100	−19.1	−0.3	3150	1.2	−0.5
125	−16.1	−0.2	4000	1.0	−0.8
160	−13.4	−0.1	5000	0.5	−1.3
200	−10.9	0	6300	−0.1	−2.0
250	−8.6	0	8000	−1.1	−3.0
315	−6.6	0	10000	−2.5	−4.4
400	−4.8	0	12500	−4.3	−6.2
500	−3.2	0			

騒音レベル L_A を式で示すと，さきの音圧レベルの式(2.4)と同じ形式となり，

$$L_A = 10 \log_{10} \frac{p_A^2}{p_0^2} = 20 \log_{10} \frac{p_A}{p_0} \tag{2.29}$$

ここで，p_0：音圧の基準値の $20~\mu\mathrm{Pa}$
　　　　p_A：A 特性で測定した音圧

表 2.9 に A 特性と C 特性の周波数レスポンスを示す．C 特性は周波数特性が平坦であり，この C 特性を用いると，ほぼ音圧レベルを測定することができる．

第3章
音はどのように伝わるか

　音源から出た音が人々の耳に到達するまでに，音源の形状，音源からの距離，音の伝わる空間の広がり，障害物，空気の湿度，音の周波数などが影響して音圧レベルが決まってくる．同じ音響出力の音源でも必ずしも受音者にはつねに同じ音圧レベルの音が聞こえるわけではない．この章ではこれらの影響について述べる．

3.1 音が伝わる空気中で，どのような音の現象が発生するか

　受音者が音源から離れると，音が到達するまでの間において空気の温度変化，物体の存在などによって種々の現象が発生する．さらに，音の周波数，空気の湿度などによっても音の伝わる様子が変化する．

　音が伝わる途中において，空気の温度が変化すると式(2.7)に示すように音の伝わる速さは変化する．いま，暖かい空気と冷たい空気が境界面で接触しているとする．両者における音の速さが異なるため，図3.1に示すように境界面に到達した音は一部は空気Ⅰへ反射するが，他は空気Ⅱへ伝わる．境界面へ入射した音の入射角度と異なる角度で音は空気Ⅱへ伝わる．これが音の屈折（refraction）である．暖かい空気Ⅰから音が角度 θ_i で境界面に入射した後，屈折し，θ_t の角度で冷たい空気Ⅱへ伝わる．

　図3.1のAからBへの音と，CからDへの音の2つの平行な音について考えると，Aの音がfからoに伝わる間に，Cの音はeからgに伝わる．そ

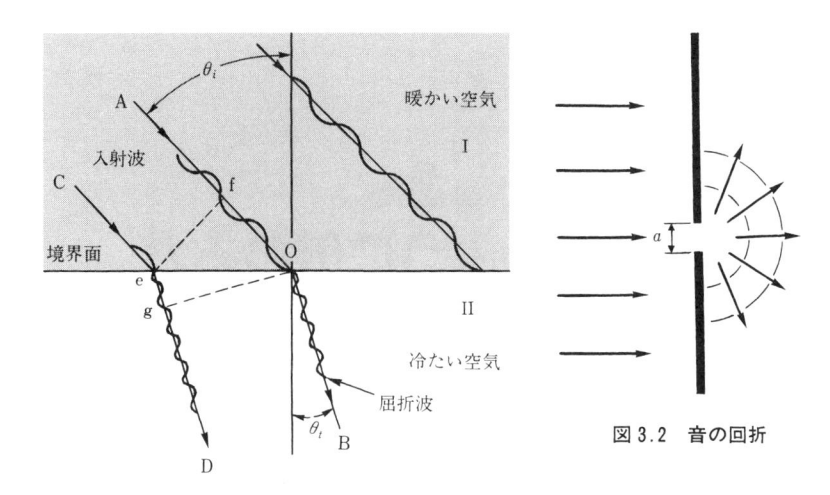

図 3.1 境界面における音の屈折

図 3.2 音の回折

の両者の時間は等しいので，

$$\frac{\overline{Of}}{c_1} = \frac{\overline{eg}}{c_2}, \quad \frac{\overline{Oe}\sin\theta_i}{c_1} = \frac{\overline{Oe}\sin\theta_t}{c_2}$$

$$\therefore \quad \frac{\sin\theta_i}{\sin\theta_t} = \frac{c_1}{c_2} \tag{3.1}$$

ただし，c_1：暖かい空気 I 内の音の速さ

c_2：冷たい空気 II 内の音の速さ

このように，音の速さに差が生じるとき屈折現象が観察される．音が伝わる途中で風が発生すると，風速によって音の速さが変化するため，この場合も屈折現象が現れる．

音源から音が伝わる途中に障壁や壁に小さい穴があると，もし音波が光のように直進すると仮定するなら，幾何学的に陰になる部分を生じて音が伝わらないはずである．しかし，この陰になる部分にも音は伝わる．この現象を回折（diffraction）という．図 3.2 に，壁に設けた小さい穴からの回折を示した．音波が穴を通過するとき音波の波長が穴の寸法より大きいと回折が顕

著になり，反対に波長が穴の寸法より小さくなるにしたがって回折が少なくなる．光にも厳密には回折現象は見られるが，光の波長に比べて音の波長はかなり大きいので回折現象は現れやすい．

したがって，障壁，堤防，建物などによって騒音を静音化するときには，騒音の回折現象を考慮しないと十分な効果は期待できない場合がある．障壁などによる騒音の減衰の計算方法は第 12 章に述べる．

次に，音源から受音者までの距離が長くなるにしたがって，ほとんどの場合，音の伝わる面積が広くなる．したがって，単位面積当たりの音のエネルギーが次第に小さくなる．騒音レベルも音源から離れると次第に低くなり，距離が大きくなるにしたがって減衰する．その減衰の様子は音源の形状によって異なる．

さらに，表 3.1 に示すように音の周波数および湿度によっても減衰の様子は変化する．これらの詳細は次節以下に説明する．

3.2　音源の形と音源からの距離による影響

音源が機械である場合，卓上に置くことのできる小さい寸法の機械から，一辺が数十メートルを超えるような大きな機械まであり，その形状も球状，直方体状などさまざまである．交通機関をみても，走行している電車は表面近くでは面状の音源であり，表面から離れると細長い音源となり，連結している車両の数によってその長さが異なるし，音源が移動するほか，音源の音響出力は時間と共に変化する．また，航空機のように音源が上空高く移動するものや，地上に固定して稼動と停止を繰り返すものなど多種類である．

そこで，音源の形状については一般に複雑なものが多いが，これらの音源を比較的簡単な形状，すなわち点，線，面などに置き換えて考えると，簡単な式を使って音圧レベルなどを計算によって求め，数量化して示すことができる．

また，音源の寸法についても，受音者と音源との距離によって，長さの長い音源や面の広い音源でも，それらを点，線，平面，球面の音源などと見な

表 3.1　空気中を伝わる音の減衰量 [dB/100 m]
(ISO R 507 より)

周波数 [Hz]	温度 [℃]	音の減衰量 [dB/100 m]			
		相対湿度 [%]			
		30	50	70	90
500	−10	0.56	0.32	0.22	0.18
	0	0.28	0.19	0.17	0.16
	10	0.22	0.18	0.16	0.15
	20	0.21	0.18	0.16	0.14
1 000	−10	1.53	1.07	0.75	0.57
	0	0.96	0.55	0.42	0.38
	10	0.59	0.45	0.40	0.36
	20	0.51	0.42	0.38	0.34
2 000	−10	2.61	3.07	2.55	1.95
	0	3.23	1.89	1.32	1.03
	10	1.96	1.17	0.97	0.89
	20	1.29	1.04	0.92	0.84
4 000	−10	3.36	5.53	6.28	6.05
	0	7.70	6.34	4.45	3.43
	10	6.58	3.85	2.76	2.28
	20	4.12	2.65	2.31	2.14
5 940	−10	4.11	6.60	8.82	9.48
	0	10.54	11.34	8.90	6.84
	10	12.71	7.73	5.47	4.30
	20	8.27	4.67	3.97	3.63

して，音圧レベルの式を用いて計算することができる．

音源の形状が点，線および面の場合について，音源周辺の音圧レベルについて考えてみよう．

3.2.1　小さい音源（点音源）

きわめて小さい寸法の音源は点音源と見なすことができる．障害物の無い自由空間にある点音源は，音源を中心として音が球状に広がる．しかし，やや大きい寸法の音源になると音源近くの音は球状の広がりを示さないで面状や円筒状あるいはよりいっそう複雑な形状となって伝わる．このような大き

3.2 音源の形と音源からの距離による影響

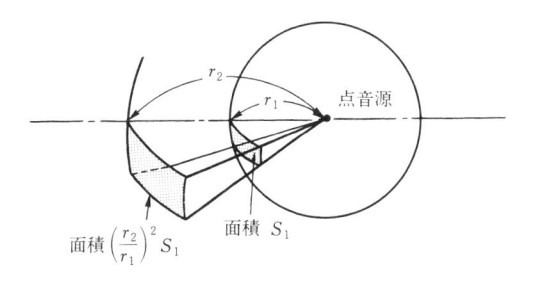

図3.3 点音源からの音の伝わり方

さの音源から出る音も，音源から離れるにしたがって次第に球状に近い広がりを見せるようになり，点音源と見なしてよいことになる．

小さい寸法の音源，すなわち点音源と見なしてよい音源が，障害物の無い自由空間にある場合には音は球状に広がって伝わるので，その様子を図3.3に示す．音源からの距離が長くなると，図に示すように音の伝わる面積が広くなる．距離が2倍，3倍，4倍と離れるにしたがって面積は4倍，9倍，16倍と距離の比の2乗に比例して広くなる．

音源から r の距離における音の強さはさきの式(2.18)から求めることができる．これを音圧レベルの分布の式で示すと式(2.23)となる．すなわち，

$$L_P = L_W - 20 \log r - 11 \tag{3.2}$$

である．

いま，音源の音響出力が既知の場合，たとえば，$L_W = 120$ dB の場合に，音源周辺の音圧レベルを上式を用いて計算すると図3.4となる．音源からの距離 r が長くなるにしたがって，音圧レベルは低くなっており，$r = 2$ m で $L_P = 103$ dB であるが，距離が2倍，すなわち $r = 4$ m で $L_P = 97$ dB，$r = 8$ m で $L_P = 91$ dB となり，距離が2倍になると音圧レベルはいずれの場合も6 dB 減衰することがわかる．これは音圧レベルを求める式からも導くことができる．すなわち音源からの距離 r_1 の音圧レベルを L_{P_1}，r_2 の音圧レベルを L_{P_2} とすると，

$$L_{P_1} = L_W - 20 \log r_1 - 11 \tag{3.3}$$

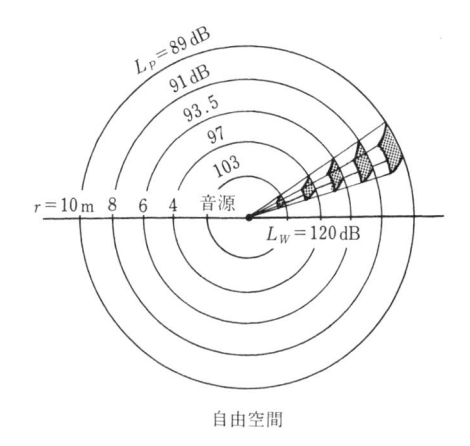

図 3.4 点音源からの音圧レベルの分布(自由空間の場合)

$$L_{P_2} = L_W - 20 \log r_2 - 11 \tag{3.4}$$

上式の差を求めると,

$$L_{P_1} - L_{P_2} = 20 \log r_2 - 20 \log r_1 = 20 \log \frac{r_2}{r_1} \tag{3.5}$$

$r_2/r_1 = 2$ なら, $20 \log 2 = 6$ dB となり,音源からの距離が2倍になると6 dB 減衰することが計算できる.

距離の比 r_2/r_1 と音圧レベルの減少量 ($L_{P_1} - L_{P_2}$) の関係を**表 3.2** に示す.

表 3.2 音源からの距離の比と音圧レベルの減少量の関係

距離の比 r_2/r_1	音圧レベルの減少量 [dB] $L_{p_1} - L_{p_2}$
2	6.0
3	9.5
4	12.0
5	14.0
6	15.6
7	16.9
8	18.1
9	19.1
10	20.0

3.2 音源の形と音源からの距離による影響

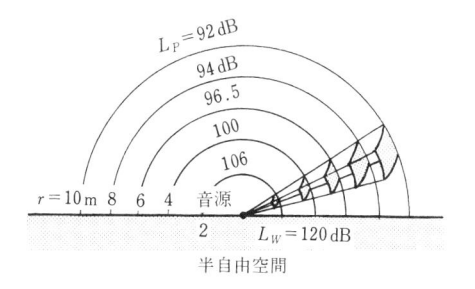

図3.5 点音源からの音圧レベルの分布（半自由空間の場合）

距離の比が大きくなるほど音圧レベルは大きく減少している．このように音源から離れるにしたがって，音圧レベルが小さくなる現象を距離減衰という．

次に，床面上に音源がある場合には半自由空間に音源がある場合に相当し，音の強さの分布は式(2.19)によって示される．同様に，この式を用いて音圧レベルの分布を示す式を導いたのが式(2.24)である．すなわち，

$$L_P = L_W - 20 \log r - 8 \tag{3.6}$$

この式を用いて，$L_W=120$ dB の場合について音源周辺の音圧レベルを計算すると図3.5となる．先の自由空間の場合と同様に，音源からの距離 r が大きくなるにしたがって音圧レベルは低くなっているが，

$r=2$ m で，$L_P=106$ dB，

$r=4$ m で，$L_P=100$ dB，

$r=8$ m で，$L_P=94$ dB，

となる．

すなわち，音源からの距離が2倍になると6dB減衰していることがわかる．これは，さきの自由空間の場合について求めた式(3.5)が同様に適用され，距離が2倍，すなわち $r_2/r_1=2$ を代入すると，音圧レベルの差 ($L_{P_1}-L_{P_2}$) は6dBとなることからも理解できる．

自由空間と半自由空間に点音源がある場合に，音源からの距離による音圧レベルの変化をそれぞれについて表3.3に示す．この表を見るといずれの空

表 3.3 点音源からの音圧レベルの距離減衰

音源からの距離 r [m]	音圧レベル [dB] 自由空間	音圧レベル [dB] 半自由空間	自由空間と半自由空間の音圧レベルの差 [dB]
1	109	112	3
2	103	106	3
3	99.5	102.5	3
4	97	100	3
5	95	98	3
6	93.5	96.5	3
7	92.1	95.1	3
8	91	94	3
9	89.9	92.9	3
10	89	92	3

間の場合においても，音圧レベルは音源からの距離の増加と共に減少し，減少する割合も同じであることがわかる．

半自由空間における音圧レベルは，自由空間の音圧レベルよりも常に 3 dB 大きいことを示している．その理由は以下の通りである．

音源の音響出力は同じであるから，音響エネルギーの広がる面積は，半自由空間では自由空間の 1/2 倍になっている．すなわち，半自由空間と同じ音の強さを自由空間に作るには，音源の音響出力を 2 倍，あるいは同じ音源ならば同位置に 2 つの音源を設けることが必要である．すなわち，式 (2.21) において P の代わりに $2P$ を用いるとよいので，両辺の対数をとると，$10 \log 2 = 3$ だけ式 (2.23) の右辺に加わることになり，同じ音響出力の音源が 1 つある場合に比べて，音源が 2 つになると音圧レベルは 3 dB 上昇することを示している．音響エネルギーが 2 倍になってもレベル値は 3 dB しか上昇しないことになる．このことは，騒音低減において騒音レベルを 3 dB 低下させようとするには，音源から出る音響エネルギーを半分にしなければならないし，6 dB も低下するためには音響エネルギーを 1/4 にする必要があり，音源の音響出力の低下を考えると，静音化にはかなりの努力が必要であることを示唆している．

3.2.2 細長い音源(線音源)

細くて十分に長い音源を線音源という．たとえば，細くて長い電線が一様に振動して音を出している場合には線音源である．しかし，このような理想的な線音源は実在する音源としてはむしろ少ない．線でなくても細長い音源を線音源と見なして取り扱う場合が多い．音源が大きな物体でも音源からかなり離れると線音源と見なせる場合もある．たくさんの車両を連結した電車や貨物列車が走行している場合には，車両からある程度離れると線音源と見なして周辺の音圧レベルを計算する．

しかし，音源の近くでは線音源でも，さらに遠く離れると点音源による音圧レベルの分布の形状に類似してくる．その場合には形状は線であっても点音源と見なしてよいことになる．

(1) 無限に長い線音源

無限に長い線音源からの音の広がりを図 3.6 に示す．無限に長い物は実在しないけれども，きわめて長い線や線状の音源に比較的近い領域では無限に長い線音源と見なすことができる．図をみると，音は音源を中心として円柱状に広がっており，円柱の中心からの距離が 2 倍になると音の伝わる面積も 2 倍となっている．図において線音源から r_2 の距離では，r_1 の位置における音の伝わる面積に比べて，(r_2/r_1) 倍になっていることがわかる．すなわ

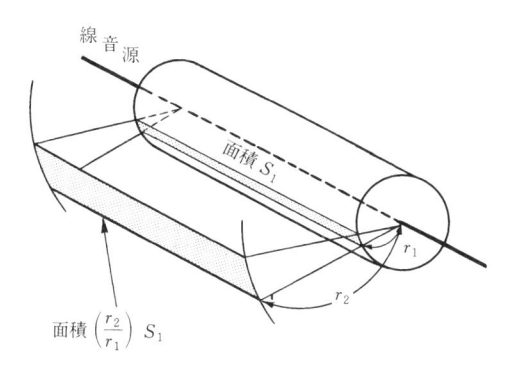

図 3.6 線音源からの音の伝わり方

ち，線音源から r_1 の距離における音の伝わる面積を基準にすると，距離が3倍になると音の伝わる面積も3倍となるので，単位面積当たりに伝わる音のエネルギー，すなわち音の強さは 1/3 となることがわかる．

いま，十分に長い線音源から一様に音が出ているとき，音源から直角方向に r [m] 離れた位置において，音源の軸方向の単位長さ（1 m）当たりの音の強さ I [W/m²] は，音源の音響出力を P [W] とすると，

自由空間における音の強さは， $I = \dfrac{P}{2\pi r}$ [W/m²] (3.7)

半自由空間における音の強さは， $I = \dfrac{P}{\pi r}$ [W/m²] (3.8)

で示される．

したがって，音圧レベル L_P を求めると，自由空間の場合は式(3.7)より，

$$\frac{I}{10^{-12}} = \frac{P}{10^{-12}} \cdot \frac{1}{2\pi r}$$

両辺の対数をとると，

$$10 \log \frac{I}{10^{-12}} = 10 \log \frac{P}{10^{-12}} - 10 \log r - 10 \log 2\pi$$

∴ $L_I = L_P = L_W - 10 \log r - 8$ (3.9)

となる．

同様に，半自由空間の場合は式(3.8)より，

$L_P = L_W - 10 \log r - 5$ (3.10)

いま，音源のパワーレベルが既知の場合，たとえば，$L_W = 120$ dB の場合には，音源からの距離による音圧レベルの変化を自由空間の式(3.9)と半自由空間の式(3.10)について計算すると**表3.4** となる．

表3.4を見るとわかるように，音源からの距離が2倍になると，いずれの空間でも音圧レベルは3 dB 低下することがわかる．さきの表3.3に示す点音源の場合と比較すると，点音源では音源からの距離が2倍になると音圧レベルは6 dB 低下したのに比べて，線音源の場合は3 dB 低下しているので，線音源の場合の距離減衰は点音源の場合より小さいことがわかる．

しかし，線音源の場合に音源が自由空間にある場合と半自由空間にある場

表 3.4　線音源からの音圧レベルの距離減衰

音源からの距離 r [m]	音圧レベル [dB] 自由空間	音圧レベル [dB] 半自由空間	自由空間と半自由空間の音圧レベルの差 [dB]
1	112	115	3
2	109	112	3
3	107.2	110.2	3
4	106	109	3
5	105	108	3
6	104.2	107.2	3
7	103.5	106.5	3
8	103	106	3
9	102.5	105.5	3
10	102	105	3

合とを比較すると，点音源の場合と同様に，半自由空間にある場合が音圧レベルは 3 dB 大きい．

音源から受音点までの距離が r_1 から r_2 に増加すると，音圧レベルの減衰量 ($L_{P_1} - L_{P_2}$) は，式 (3.9) または式 (3.10) を用いて，

$$L_{P_1} - L_{P_2} = 10 \log r_2 - 10 \log r_1 = 10 \log \frac{r_2}{r_1} \tag{3.11}$$

となり，距離が 2 倍 ($r_2/r_1 = 2$) になると，$L_{P_1} - L_{P_2} = 3$ dB となり，3 dB 減衰することがこの式から理解できる．

式 (3.11) の ($L_{P_1} - L_{P_2}$) を点音源の場合の式 (3.5) と比較すると，式 (3.11) は式 (3.5) の半分になっていることから，線音源の音圧レベルの減衰は点音源のそれに比べて半分になることが理解できる．

（2）　有限な長さの線音源

有限な長さ l の線音源が障害物の無い自由空間にある場合を考えてみよう．実在する線音源はほとんど有限な長さである．いま，図 3.7 に示すように長さ l の線音源があり，その中央から垂直方向に x の位置における音圧レベルを調べてみる．x が十分に小さい場合には音源に近いので無限に長い線音源とみなすことができる．反対に x が十分に大きい場合には，x に対して l の値が相対的に小さくなり，点音源と見なすことができるようにな

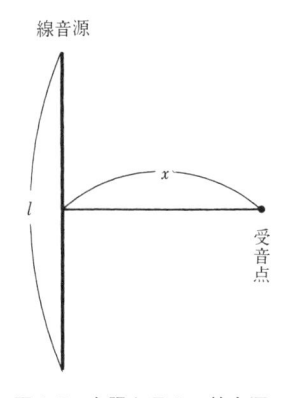

図3.7 有限な長さの線音源

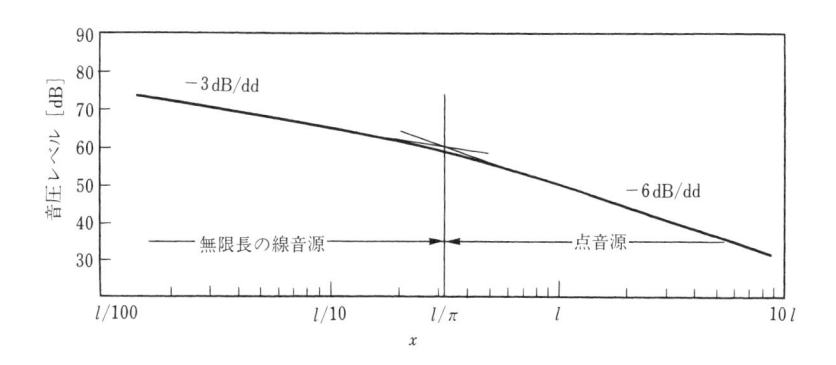

図3.8 有限な長さの線音源からの音の減衰

る．両者がお互いに近づいてくるとその接点は l/π である．x が l/π より小さいと線音源なので，距離 x が2倍長くなると音圧レベルは3dBの割合で減少し，x が l/π より大きくなると点音源なので，距離 x が2倍長くなると音圧レベルは6dBの割合で減少し，前者よりも減衰の割合が大きくなる．両者の接点付近では，両者の音圧レベルの減衰直線はなだらかに結ばれ，図3.8に示すようになる．dd とは double distance の略で，距離が2倍になることを意味している．

たとえば，長さ8mの線音源があるとしよう．その中心から垂直方向に

0.5 m の距離における音圧レベルが $L_{P_1}=90\,\mathrm{dB}$ の場合に，中心からの距離 1.6 m と 18 m における音圧レベルをそれぞれ求めてみよう．

この場合に無限長線音源と点音源との境界点は $l/\pi=8/\pi=2.55\,\mathrm{m}$ であるから，距離 1.6 m の位置は無限長線音源の領域であるため，音圧レベル L_{P_2} は式(3.11)を用いて，

$$L_{P_2}=L_{P_1}-10\log_{10}\frac{x_2}{x_1}=90-10\log_{10}\frac{1.6}{0.5}=85\quad[\mathrm{dB}]$$

となる．

次に，距離 18 m においては点音源の領域であるから，まず境界点 $x=8/\pi\,[\mathrm{m}]$ における音圧レベル L_{Pa} を同様にして求めると，

$$L_{Pa}=90-10\log_{10}\frac{8/\pi}{0.5}=83\quad[\mathrm{dB}]$$

となるから，18 m における音圧レベル L_{P_3} は，点音源の式(3.5)を用いると良いので，

$$L_{P_3}=83-20\log\frac{18}{8/\pi}=66\,[\mathrm{dB}]$$

となる．

この例の場合の音の減衰を図に示すと図 3.9 となる．

今後，とくに指示しない場合は「線音源」は無限長線音源を意味するもの

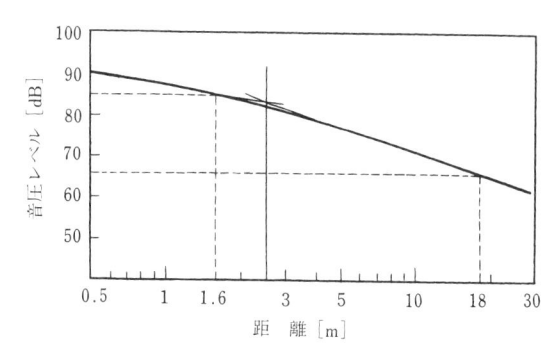

図 3.9　有限な長さの線音源からの音の減衰の例

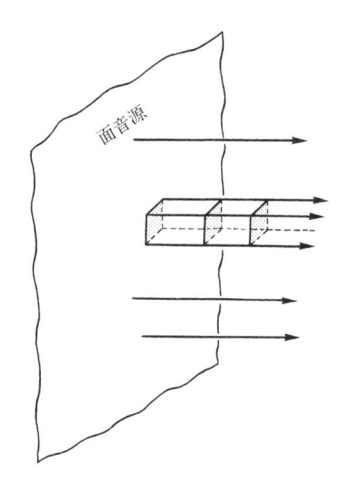

図3.10　十分に大きい面音源からの音の伝播面積

とする．

3.2.3　平面状の音源（面音源）

（1）　無限に広い面音源

十分に広い平板が垂直方向に一様に振動して音を出しているとすると，図3.10に示すように，平板から垂直方向に距離が長くなっても音の伝わる面積には変化が無い．すなわち，音源からの各位置における単位面積当たりの音響エネルギーはすべて同じになる．面音源の音響出力を単位面積当たり P [W] とすると，面音源から垂直方向にどの位置においても音の強さは $I = P$ [W/m²] の一定となる．このことは，音圧レベルとパワーレベルが等しいこと（$L_P = L_W$）を意味しており，距離減衰は無いことになる．面音源，線音源および点音源のそれぞれの距離減衰を示すと図3.11となる．3者のうち点音源の距離減衰がもっとも大きいことがわかる．すなわち，一般に音源の寸法が大きくなるほど距離減衰が小さくなる．

（2）　有限な大きさの面音源

面の大きさが小さくなってくると，受音点の位置によっては次第に距離減衰が現れてくる．さきの有限な長さの線音源の場合と同様の現象が見られる

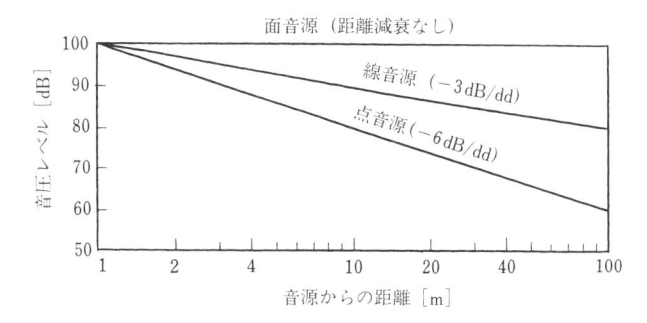

3.2 音源の形と音源からの距離による影響

図 3.11 各種音源の距離減衰

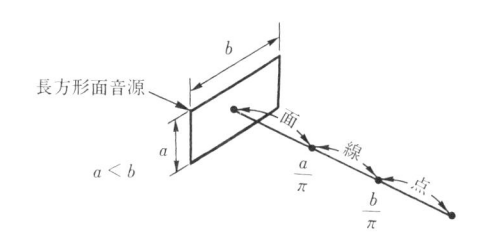

図 3.12 長方形面音源

ようになる．

　いま，2辺の長さがそれぞれ a, b ($a<b$) の長方形面音源があるとしよう．面音源の中心から垂直方向に距離 x の位置に受音点があると，図 3.12 に示すように x が a/π より小さい範囲では，無限に大きい面音源と見なすことができ距離減衰は無い．x が $a/\pi < x < b/\pi$ の範囲では，面音源でも線音源と見なすことができ，線音源の距離減衰 -3 dB/dd となる．さらに，$x > b/\pi$ の範囲では点音源と見なすことができ，点音源の距離減衰 -6 dB/dd となる．この減衰を図に示すと図 3.13 となる．

　たとえば，長さがそれぞれ 2 m×10 m の長方形面音源があり，音源の中心から垂直方向の距離減衰を求めてみよう．$x_1 = 0.2$ m において音圧レベルが 90 dB であるとしよう．面音源と線音源との境界は $2/\pi$ [m]，線音源と点音源との境界は $10/\pi$ [m] である．したがって，距離が $2/\pi$ [m] までは距離

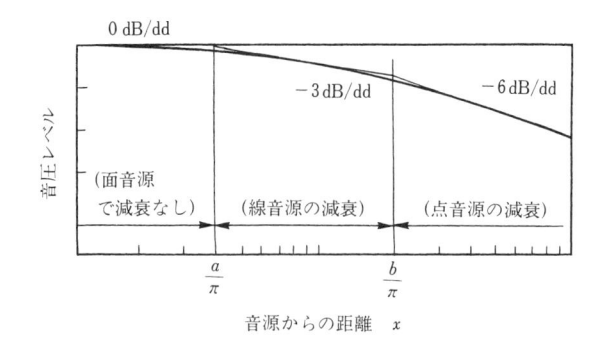

62 第3章 音はどのように伝わるか

図 3.13 長方形音源の距離減衰

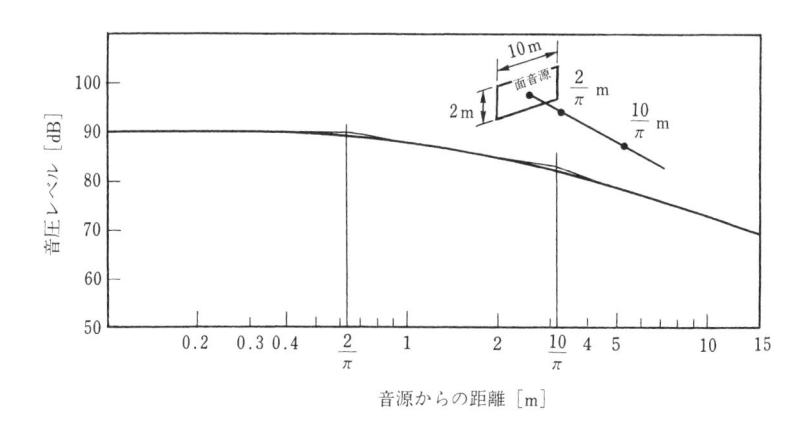

図 3.14 長方形面音源の距離減衰の例

減衰が無い．距離が $2/\pi$ [m] から $10/\pi$ [m] までは $-3\,\mathrm{dB/dd}$ の減衰を示す．さらに，距離が $10/\pi$ [m] より大きい範囲では $-6\,\mathrm{dB/dd}$ の減衰を示すことになる．これを図に示すと図 3.14 となる．

3.3 音源の場所による影響

音源が存在している周辺の条件によって，音の伝わり方や音の減衰は大きく変化する．音源の周辺に大きな障害物があると，音源から出た音の多くは

障害物の表面で反射，吸収される．障害物の表面の音響特性によって，ある場合にはほとんど反射するが，ある場合にはかなり吸収される．表面の音響インピーダンスが大きいと音は障害物の内部へ入り難く，ほとんど表面で反射してしまう．さらに，障害物の大きさが小さく音源からの距離も大きいと音の反射や吸収も小さくなる．音源を取り囲むような障害物があると音の反射や吸収が大きくなる．

3.3.1 気象条件の影響

音源が屋外にある場合には，風や空気の温度によって音の伝わり方は影響を受ける．一般に，風の速さは音の速さ 344 m/s に比べると小さいが，風の吹く方向によって音の伝わる速さは変化する．

地上の高さによって風の速さが異なる場合が多い．図 3.15 に示すように，地上の高い所で風の速さが大きく，低いところで速さが小さいと，音は風下では下方へ曲がってしまう．すなわち，音の屈折である．反対に，風上では上方へ屈折する．

さらに，空気の温度差による影響もある．音の伝わる速さは，式(2.7)に示すように温度が上昇すると速くなる．地上の高さによって空気の温度は変化する場合が多い．一日のうちで，夕方には地面が暖まるため地表面の温度が上空より高くなり，地表面近くの音の速さは上空より速くなる．そのため音は上方へ屈折する．反対に朝方には，地表面は冷えるため地表面近くの空

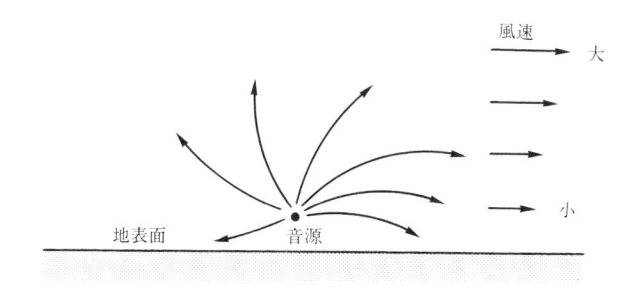

図 3.15 風があるときの音の屈折

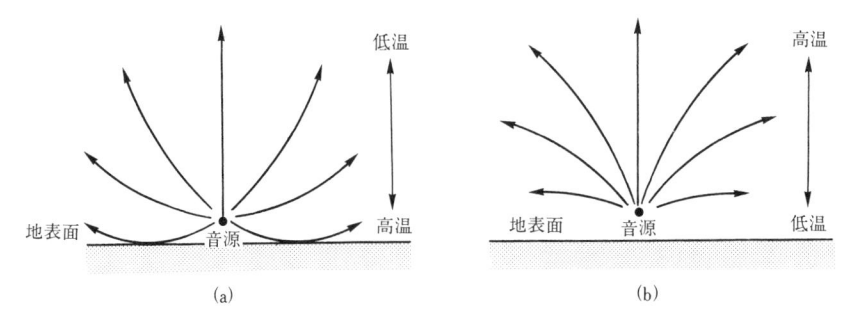

図 3.16　大気に温度差があるときの音の屈折

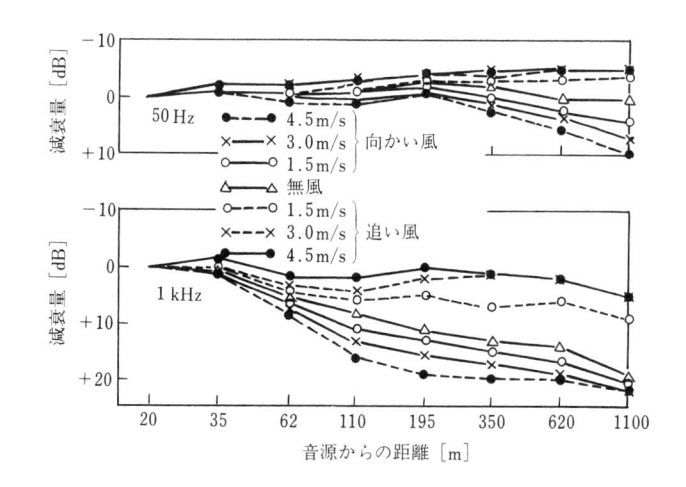

図 3.17　音の減衰量に及ぼす風の影響(Parkin & Scholes)

気の温度は上空より低くなり，音は下方へ屈折する．その様子を図示すると図 3.16 である．夕方には遠くの電車の音も聞き取り難いが，朝方には反対によく聞こえることが多いのは，このような音の屈折によるものである．

図 3.17 は向かい風と追い風の場合について，音の減衰を周波数 50 Hz と 1 kHz の場合についてそれぞれ示したものである[1]．図から追い風より向かい風の場合の方が音の減衰は大きく，周波数では，1 kHz の音の減衰が 50 Hz より大きいことがわかる．

3.3.2 空間の位置

　音源が存在する空間の広がりの様子によって，音源の伝わる単位面積当たりの音響エネルギー，すなわち音圧レベルが決まる．自由空間に点音源がある場合には音響エネルギーは球状に広がるので，きわめて広い面積に音が伝わってゆく．そのため，音源の音響出力が同じであれば，音源から離れると音圧レベルの低下は大きい．点音源からの距離が2倍になると，6 dB 減衰することはさきに述べた通りである．

　床上あるいは地面上のように半自由空間になると，音響エネルギーの広がる領域は自由空間の半分であるから，単位面積当たりの音響エネルギーは2倍の大きさをもって広がることになるから，自由空間と同じ音響出力の音源で音源から同じ距離だけ離れても音圧レベルは自由空間と比べて3 dB 高くなる．

　さらに，広い床面上に1つの大きいつい立あるいは壁があり，床面との接線上に点音源があると1/4自由空間となる．すなわち球の1/4空間に音が広がってゆくのである．この場合には，音源から離れた所の単位面積当たりの音響エネルギーは自由空間の場合の4倍となるので，同じ音響出力の音源で，さらに音源から同じ距離だけ離れると音圧レベルは自由空間と比べて6 dB も高くなる．

　さらに，広い床面上に大きい2つのつい立，あるいは壁が直角に立っている隅に点音源がある場合の音の伝わる空間は，球の1/8の空間であるから，1/8自由空間となる．この空間の単位面積当たりの音響エネルギーは自由空間の場合の8倍となる．したがって，音源からの距離が同じでも音圧レベルは自由空間の場合に比べて9 dB も高くなる．

　このように音源の形状は同じで，同じ音響出力をもち，音源から同じ位置においても，音源が存在する空間の形状によって音圧レベルはかなり異なるものとなる．

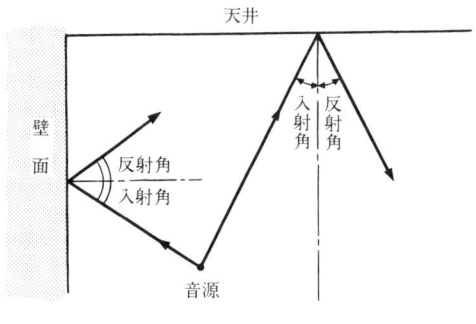

図 3.18　音の反射

3.3.3　小さい室内

　小さい室内に音源がある場合には，音源と壁や天井との距離が短いために，音は壁や天井でしばしば反射を繰り返しながら伝わってゆく．しかし，天井には多孔質吸音ボードが取り付けられている場合が多く，天井は壁に比べて反射が少ない場合が多い．

　反射面の寸法が大きくて，しかも面の表面あらさ（凹凸）が波長に比べて小さい場合には，図 3.18 に示すように，面に入射する音と反射する音との間には，なめらかな面に入射する光のように入射角と反射角とは等しくなる．

　周波数が 500 Hz の音は，音の伝わる速さを 340 m/s とすると波長は 68 cm となり，周波数が 1000 Hz においても波長は 34 cm となってかなり大きいので，建物や山の斜面にかなりの凹凸があっても，音が反射してくるのは波長が長いためである．また，平板を音の反射面として利用する場合には，入射する音の波長を十分に調べた上で平板のあらさを決めることが必要である．

　反射する音の強さの程度は反射率によって決まる．反射率は入射する音のエネルギー（音の強さ）に対する反射する音のエネルギーの割合であると定義されている．入射する音の強さを I_i，境界面で反射する音の強さ I_r，境

界面から内部へ伝わる音の強さ I_t とすると,

$$I_i = I_r + I_t \tag{3.12}$$

反射率 r_e は,

$$r_e = \frac{I_r}{I_i} \tag{3.13}$$

反射音の強さは反射率が大きいほど大きいことを示している．反射率が大きい壁面や天井をもつ室内においては，音源から出た音は時間が経過するにしたがって，反射を繰り返し，音は室内で拡散され，音のエネルギーが室全体に一様に分布し，どの点においてもすべての方向への音のエネルギーの流れが等しい状態になる．この状態を音が拡散しているといい，この室内を拡散音場 (reverberant field，または diffuse sound field) という．

拡散音場ではすべての位置で音圧レベルが等しくなり，どの位置においても壁などで反射した音があらゆる方向から入射することになる．その際，単位面積に1秒間に入射する音響エネルギーは小さく，平面波が垂直に入射するときの音響エネルギーの1/4であることが理論的に明らかにされている[2]．

音の波長に比べて小さい直径の管や部屋の内部に平面波が発生する場合には，音源から出た入射波と壁で反射した反射波が重なり合って干渉し，音圧レベルの大きいところと小さいところが波状に規則正しく並んで，左右に進行することなく固定された状態になる．このような状態の波を定在波 (standing wave または stationary wave) と呼んでいる．

小さい室内に音源があり壁面の反射率が大きいと室内に定在波が発生するが，室外においても，大きな反射面があり，連続的に正弦波を出しているような音源があると定在波が発生することがある．このような状態では音源から遠いと音圧レベルが低いとは限らず，遠くても音圧レベルの高い所があり，空間の大きさと音の波長によって決まる位置に，音圧レベルの高い領域と低い領域が規則正しく並んだ状態になる．

壁や天井の反射率がきわめて小さくてほとんど吸音されてしまうような部屋では，反射を考えなくてもよいようになるので，半自由空間の音場と見な

せるようになる．音源の形状と受音点の位置から音源を点，線，面などと仮定して音圧レベルを計算により求めることができる．

第4章
複数の音源が発生するとどうなるか

　工場内の騒音のように，複数の音源が発生している場合は多く見受けられる．1つの音源では騒音レベルは小さくても，それが複数集まると騒音レベルは大きくなり，基準値を超えてしまうことはよくある．そこで，複数の音源が集まったときのレベルの和，差および平均の求め方を知っておくと都合がよい．

4.1　複数の音源からの音のレベルの和を求めよう

　工場には同じ種類の機械がたくさん設置されている場合が多い．工場設計の段階であらかじめ工場内の騒音レベルを予測することは，工場の防音対策上きわめて大切である．1台の機械によるレベル（音源の音響パワーレベルや周辺の音圧レベルなど）を求めておいて，複数台機械が設置される場合にその工場内のレベルを計算で求めることができれば，工場が完成するまでにそのレベルに応じて種々の対策を施すことができる．

　このように複数音源の音響出力や音の強さの和を求めるときには，音がエネルギー量の単位で表示されていれば，これらを算術的に加え合わせるとよいので簡単である．たとえば，ワットやカロリーの単位で示されていれば，算術的に加え合わせるとよい．

　しかし，音響出力，音の強さ，音圧などはそれぞれ音響パワーレベル，音の強さのレベル，音圧レベルなどのように dB 値で表示されている場合が多

い．この dB 値はパワーレベルや音の強さのレベルの式を見てもわかるように，これらを算術的に加え和を求めることはできない．たとえば，60 dB の音源が 2 つになっても 60＋60＝120 dB とはならない．そこで，レベルの和を計算する方法について以下に説明する．

計算方法の考え方は，それぞれのレベル値をエネルギーの単位に換算してそれらの和を求め，その和を再び dB 値に換算するのである．

いま，n 個の音源があるとし，それぞれの音の強さまたは音響出力を $I_1, I_2, I_3 \cdots, I_n$ とし，これらのレベルをそれぞれ $L_1, L_2, L_3, \cdots, L_n$ とすると，式(2.16)より，

$$L_1 = 10 \log_{10} \frac{I_1}{I_0}, \quad L_2 = 10 \log_{10} \frac{I_2}{I_0}, \quad L_3 = 10 \log_{10} \frac{I_3}{I_0} \cdots L_n = 10 \log_{10} \frac{I_n}{I_0}$$

上式よりそれぞれ $I_1, I_2, I_3, \cdots, I_n$ を求めると，

$$I_1 = I_0 10^{L_1/10}, \quad I_2 = I_0 10^{L_2/10}, \quad I_3 = I_0 10^{L_3/10} \cdots I_n = I_0 10^{L_n/10}$$

これらはエネルギー量であるから算術的に加え合わせることができる．これらの和を I とすると，

$$I = I_1 + I_2 + I_3 \cdots + I_n = I_0(10^{L_1/10} + 10^{L_2/10} + 10^{L_3/10} \cdots + 10^{L_n/10})$$

これを dB 値で示したレベルを L とすると，

$$L = 10 \log_{10} \frac{I}{I_0} = 10 \log_{10}(10^{L_1/10} + 10^{L_2/10} + 10^{L_3/10} \cdots 10^{L_n/10}) \tag{4.1}$$

となる．これが和を求める式である．

たとえば，70 dB，72 dB，75 dB の 3 つのパワーレベルの和は，式(4.1)を用いると次のようになる．

$$L = 10 \log_{10}(10^7 + 10^{7.2} + 10^{7.5}) = 77.6 \quad [\text{dB}]$$

また，70 dB と 70 dB の 2 つのパワーレベルの和は，

$$L = 10 \log_{10}(10^7 + 10^7) = 73 \quad [\text{dB}]$$

となり，同じ出力の音源が 2 つになると 3 dB 増加することもわかる．

いま，基準値の音の強さ I_0 と同じ強さの音を出す音源が 1 つあるとする．そのレベルは，

$$L = 10 \log_{10} \frac{I_0}{I_0} = 0 \quad [\text{dB}]$$

となる．このような 0 dB のレベルの音源が 2 つになると，式(4.1)から，
$$L = 10 \log_{10}(10^0 + 10^0) = 3 \quad [\text{dB}]$$
となる．したがって，0 dB と 0 dB の和は 3 dB となる．これは一見矛盾しているように見えるが，0 dB とは基準値をもつ音が存在しているのであり，0 dB が 2 つになると基準値の 2 倍のエネルギー量になるため 3 dB となるのである．

4.2 音のレベルの和を求める簡便法

式(4.1)を用いてレベルの和を求める計算が面倒であれば，比較的簡単な方法で略算することができる．いま，L_1 [dB] と L_2 [dB] の 2 つの和 L [dB] を求めてみよう．

$L_1 \geqq L_2$ とすると，この両者の差 $(L_1 - L_2)$ に対する補正値 δ を求め，次式から L が計算できる．

$$L = L_1 + \delta \quad [\text{dB}] \tag{4.2}$$

補正値 δ は**表** 4.1 に示す．

たとえば，80 dB と 79 dB の和を求めるには，L_1 と L_2 との差が 1 dB であるから表から $\delta = 2.5$ dB となり，$L = 80 + 2.5 = 82.5$ dB となる．

3 個以上の複数の和を求めるには，これらのうちから 2 個の和を求め，それと残りの 1 個との和を求めるとよい．4 個以上についても同様である．

表 4.1 からもわかるように，$L_1 - L_2$ が大きくなるほど δ は小さくなり，$L_1 - L_2$ が 20 dB 以上になると，δ はきわめて小さくなってほとんど無視してもよい．したがって，多数の和を求めるときは，計算の順序をよく考えれば案外簡単にできる．

表 4.1 2 つの dB 値の和を求める補正値

$L_1 - L_2$ [dB]	0	1	2	3	4	5	6	7	8	9	10	11〜12	13〜14	15〜19
δ [dB]	3.0	2.5	2.1	1.8	1.5	1.2	1.0	0.8	0.6	0.5	0.4	0.3	0.2	0.1

たとえば，音の強さのレベルがそれぞれ 60，64，81，85，90，92 dB の 6 個のレベルの和を求める．

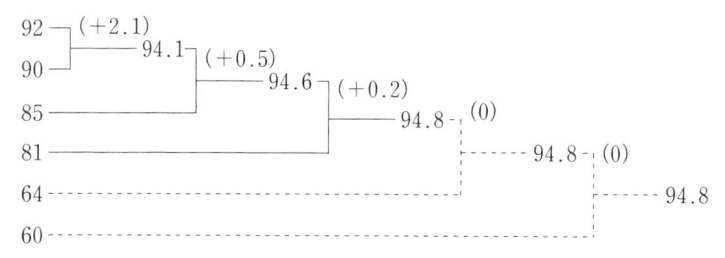

```
92 ─┐(+2.1)
    ├─ 94.1 ─┐(+0.5)
90 ─┘        ├─ 94.6 ─┐(+0.2)
85 ──────────┘        ├─ 94.8 ─┐(0)
81 ───────────────────┘        ├------ 94.8 ─┐(0)
64 ----------------------------┘             ├----- 94.8
60 ------------------------------------------┘
```

このように小さい dB 値を示す音源の個数が少ないときは，大きい値から和を求めてゆくと小さい値との差が大きくなり，30 dB 以上もの差が生じ，小さい 64 dB と 60 dB は無視しても影響が無いことがわかる．

4.3　2つの音のレベルの差を求めよう

音源から出る音のみを測定しようとするには，暗騒音（着目している特定の音以外の音）の無い条件で測定しなければならない．そのためには，音源を無響室へ入れて測定する必要がある．しかし，音源が移動できなかったり，無響室が手近かに無いなどの困難を伴うことがある．

そこで，暗騒音のある状態で音源のパワーレベルまたは周辺の音圧レベルを測定し，暗騒音のみのレベルを測定して両者の差を計算することができれば，対象とする音源のみのレベルを知ることができて便利である．そのため，2つの音のレベルの差を求める式を導いてみよう．

いま，2個の音の強さまたは音響出力をそれぞれ I_1, I_2 とし，これらのレベルをそれぞれ L_1, L_2 とする．式(2.16)より，

$$L_1 = 10 \log_{10} \frac{I_1}{I_0}, \quad L_2 = 10 \log_{10} \frac{I_2}{I_0}$$

書き換えると，

$$I_1 = I_0 10^{L_1/10}, \quad I_2 = I_0 10^{L_2/10}$$

両者の差 I_d は，

$$I_d = I_1 - I_2 = I_0(10^{L_1/10} - 10^{L_2/10})$$

となる．したがって，

$$L_d = 10 \log_{10} \frac{I_d}{I_0} = 10 \log_{10} (10^{L_1/10} - 10^{L_2/10}) \quad [\text{dB}] \tag{4.3}$$

この式が2つのレベル値の差を求める式である．

たとえば，暗騒音を含んだ音源のレベルが70 dB，暗騒音のみのレベルが64 dBとすると，音源のみによるレベルは，

$$L_d = 10 \log_{10} (10^7 - 10^{6.4}) = 68.7 \quad [\text{dB}]$$

となる．

4.4 複数の音のレベルの平均を求めよう

いま，音の強さが $I_1, I_2, I_3 \cdots I_n$ の n 個の和を I，平均値を I_a とし，それぞれの n 個のレベル値 $L_1, L_2, L_3 \cdots L_n$ の和を L，平均値を L_a とすると次の式が成立する．

$$I_a = \frac{I_1 + I_2 + I_3 \cdots I_n}{n} = \frac{I}{n}$$

$$L_a = 10 \log_{10} \frac{I_a}{I_0} = 10 \log_{10} \frac{I}{nI_0} = 10 \log_{10} \frac{I}{I_0} - 10 \log n$$

$$= L - 10 \log_{10} n \quad [\text{dB}] \tag{4.4}$$

これが音のレベルの平均を求める式である．

すなわち，n 個のレベル値の平均値は，レベル値の和 L と $10 \log_{10} n$ との差に等しいことがわかる．

たとえば，4.2節の 60, 64, 81, 85, 90, 92 dB の平均を求めてみよう．これらの総和はさきに計算したように $L = 94.8$ dB であるから，

$$L_a = 94.8 - 10 \log 6 = 87 \quad [\text{dB}]$$

となる．

第5章
騒音と人間との関係

　音源で発生した騒音が人の耳に到達し人がそれを聞くとき，騒音に対する人間特有の特性や現象がある．それらについて述べることにする．

5.1　音を聞くことができる周波数範囲

　多くの動物は仲間たちに情報を伝達するための手段として音を利用しているが，動物自ら音を出している場合や，別の媒体を使って音を発生させて意志を伝達している場合もある．また，自ら発生した音の反射を利用して，自分の存在位置や，周辺の物体の存在の有無を確かめている．このように，動物が利用している音はその周波数範囲が広く，人間によく聞き取れる音もあれば，まったく聞こえない音もある．

　楽器のバイオリンやチェロが音を出しているように，いま，細い弦を張って振動させるとする．弦の長さが次第に長くなると発生音の周波数は次第に小さくなり，聞き取り難くなって，ついには聞こえなくなってしまう．

　人間が聞くことのできる周波数は年齢によって変化する．20才前後の健康な人は，聞くことのできる周波数範囲がもっとも広く，さらに聞くことができる音圧ももっとも低い．したがって，音圧レベルや音の強さのレベルを求める基準値は，20才前後の健康な人が聞くことのできる最低値が採用されている．周波数範囲については一般に音響学では図5.1に示す名称がついている．人間が聞くことのできる周波数範囲は20から20000 Hzと見なす

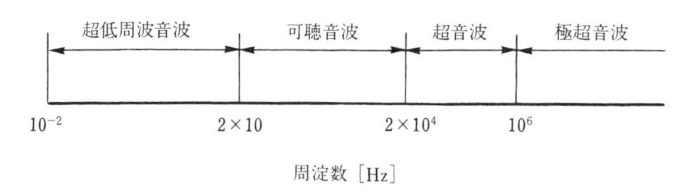

```
|←―― 超低周波音波 ――→|← 可聴音波 →|← 超音波 →|← 極超音波 →|
10⁻²              2×10         2×10⁴      10⁶
```

周波数 [Hz]

図 5.1 音の周波数範囲の名称

のが適当であり，これを可聴音波と呼んでいる．

20 Hz より低い周波数の音は超低周波音波とよばれており，音といっても人間の耳には感じないので，やかましいとか，うるさいとかの感じは無く，住宅の戸，窓，ふすまなどを振動させてその音が問題となったり，人体に伝わると振動を感じ，耳鳴り，めまい，頭痛，吐き気など医学的症状を示すことがある．

2×10^4 から 10^6 Hz の範囲の周波数の音を超音波とよんでおり，人間に聞こえなくても，コウモリ，イルカ，蛇などの動物は聞くことができるし，自らも超音波を出している．さらに，超音波は計測，画像，顕微鏡，材料の加工などきわめて広い範囲で使用され人々に役立っている

人間の耳の感度曲線を図 2.3 に示す(41頁)．この感度曲線を見ると明らかなように，周波数 3000〜4000 Hz 付近に音圧レベルの最小値を示しており，この付近がもっとも感度が高いことを意味している．この感度曲線は人の年齢によって異なり，高齢になるにしたがって，周波数の高い領域の音を聞き取り難くなる．

図 5.2 は国際規格の ISO の結果であり，年齢と音の周波数によって最小可聴音圧がどのように上昇するかを示したもので，年齢が高くなると，周波数が大きくなるにしたがって最小の可聴音圧が上昇していることを示している．

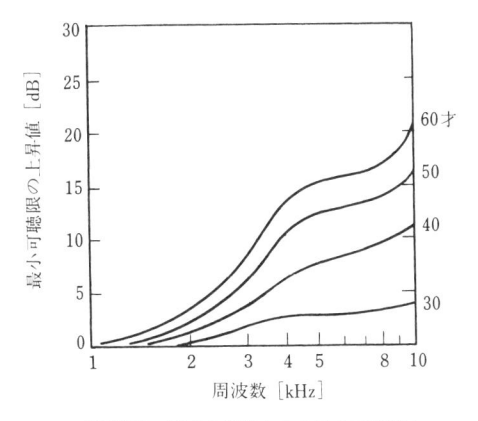

(年齢18〜25才の健康な人の最小可聴限を基準にしている)

図 5.2　年齢による最小可聴限の変化 [1]

5.2　人間の耳の構造

　人間が音を感じる主な方法は，音が耳に伝わり耳の鼓膜を振動させる方法と，耳の後ろの骨の突起部に振動を伝えて音を感じる方法とがあるが，健康な人は主として前者で音を感じている．

　人間が主として音を感じる器官である耳の構造を図 5.3 に示す．耳全体は外耳，鼓膜，中耳，内耳に分けることができる．外耳にはまず耳介があり，空気中の音のエネルギーをできるだけ多く集めて取り入れ，鼓膜へ伝えることと，音源の方向を決める役目も果たしている．耳介で集めた音は耳介内のくぼみから外耳道に入り鼓膜を振動させる．外耳道は長さ約 3 cm 程度であり，音を伝える管（音響管）と見なすことができる．外耳道の外側には耳介があり，外耳道の音響管としての長さは 3 cm よりも少し長くなっている．この外耳道の中の空気が外からの音で共鳴する．その共鳴周波数は 2〜5 kHz である．一端が閉じた管内で共鳴が発生すると管内には定在波が発生し，音圧は閉口端で大きくなる．したがって，外耳道の閉口端には鼓膜があるので鼓膜の位置で音圧は高くなり，鼓膜を振動させて音を聞き取るのに都

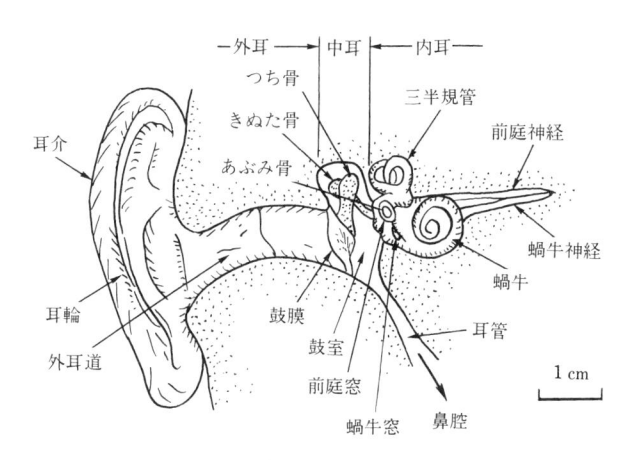

図 5.3　人間の耳の構造

合が良いようになっている．また，人間が話をするときの声の周波数はおよそ 2〜3 kHz であるから，外耳道の共鳴周波数ともほぼ一致しており，人間の声を聞くのにはとくに好都合にできている．

　鼓膜は外耳と中耳との境界にあり，厚さ約 0.1 mm，直径 1 cm 足らずの薄い弾性膜で，円形またはだ円形をしていて内側へ向かって漏斗状になっている．空気の大きな振動波が急速に鼓膜に来ると鼓膜が破れる場合がある．鼓膜が破れるとマイクロホンの膜が破れたのと同じように振動が低下し，健康な状態に比べて聴力がかなり低下し，40 dB も低下することがあるといわれている．

　中耳は鼓膜の内方の鼓室の部分である．鼓膜の内側には図 5.4 に示すようにつち（槌）骨が密着し，それにきぬた（砧）骨が接続し，さらに，あぶみ（鐙）骨が連結されている．この 3 つの骨を耳小骨と呼んでいる．

　鼓膜から振動がつち骨に伝わると，つち骨ときぬた骨の腕の長さの比が約 1：1.3 程度であり，テコの原理が作用して振動エネルギーが増大する．さらに，鼓膜の面積に比べてあぶみ骨底の面積は約 1/17 程度に小さい．面積が小さくなると当然振動のエネルギー密度は大きくなり，あぶみ骨へ伝わると約 17 倍程度に大きくなり，小さい音でもエネルギーが拡大されて聞き取

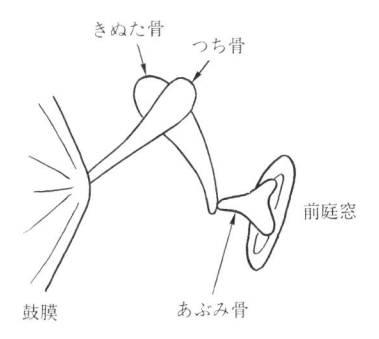

図 5.4　耳小骨の構造

れるようになっている．反対に極度に強い音が鼓膜に入ると，鼓膜や，耳小骨に続く筋肉が緊張して振動を和らげることになる．鼓室は鼓膜の奥にあり，耳管を経て鼻腔へ通じ，鼓室内の気圧を調整するようになっている．

内耳は鼓室よりさらに内側の部分をいい，蝸牛，三半規管，前庭などで構成されている．内耳の開口部はあぶみ骨と結合している前庭窓と薄い膜をもっている蝸牛窓である．蝸牛は聴覚に直接関係し，かたつむりの殻の部分の形状をしている．その内部はリンパ液があり，薄い膜によって上下の2つの部分に分かれ，その先端でつながっている．前庭窓からリンパ液に伝わった振動は蝸牛内の薄い膜を振動させる．その膜の振動の様子は，音の大きさおよび周波数によって変化し，聴細胞を刺激して，その刺激が聴神経を伝わって大脳に達し音が判別される．

耳はこのように音を聞く機能をもっているほか，内耳にある三半規管が平衡機能の役目も果たしている．

5.3　騒音は人間にどのような影響を及ぼすか

音楽を聞くと人間の心は安らぎ，快適な気分になる．これは音が人間によい影響を及ぼしている一つの例である．音の波としての性質を利用したり，音のエネルギーを利用するなど，音が人間の生活の向上に役立っている例は

多い．

　しかし，騒音は人間に好まれない音であるから，人間にさまざまな悪影響を及ぼしている．とくに影響が大きいのは人間の聴力障害，睡眠・休養妨害さらには胃腸障害などの内科的疾病である．これらは人間の健康に関係する場合であり，深刻な問題である．また，作業能率の低下，会話妨害など人間の行動に関係する場合，さらに，騒音の大きな場所には人々は住みたくないので，土地や家屋の資産価値の低下など社会的な影響を及ぼすこともある．

5.3.1　聴力障害

　きわめて大きな音が耳元で発生すると鼓膜が破損し聴力障害となるが，このような大きな音でなくても，板金，製かん，圧延，プレスなどの作業環境において大きな騒音にさらされると，耳が遠くなったように感じることがしばしばある．このように，工場騒音が原因で耳が遠くなったように感じるのは周波数が 2000〜6000 Hz の範囲である．その理由は外耳道系および内耳道系の共振周波数がこの周波数域にあることから，共振が主な原因であるとか，耳のぜい弱性が原因であるなどの説もある．

　工場騒音やイヤホーンの音などで耳が遠くなったように感じても，一時的なもので，静かな所へ移り，しばらくすると，聴力が回復することが多い．このような場合を一過性聴力損失または一時性難聴（TTS, temporary threshold shift）という．この状態は数秒から数日間の程度で回復するが，騒音の大きさや騒音を聞く時間の長さによって変化する．

　しかし，いっそう大きい騒音に長時間さらされると，元の正常な状態に帰らなくなり，回復不能の聴力損失となる．このような場合を永久性聴力損失または永久性難聴（PTS, permanent threshold shift）という．これは身体の大切な機能の一部を失うことになり深刻である．これを避けるためには大きな騒音から遠ざかることと，騒音に接する時間を短くすることである．永久性難聴は一時性難聴と密接な関係があり，一時性難聴を繰り返していると永久性難聴へ移りやすいといわれている．

　図 5.5 は正常な聴力をもつ人が音圧レベル 120 dB，周波数 2000 Hz の純

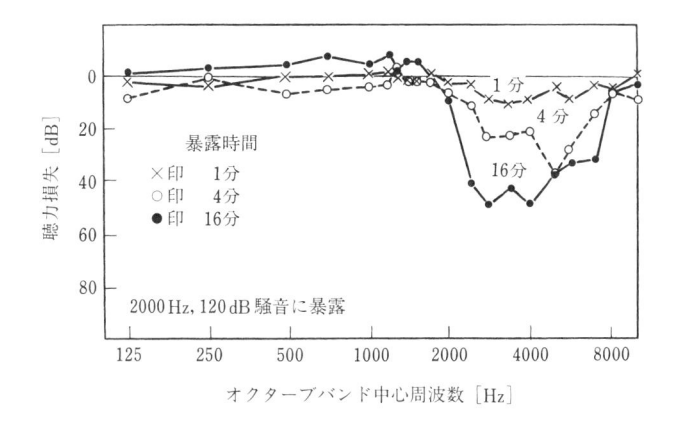

図 5.5 一過性聴力損失に及ぼす周波数と時間の影響[3]

音にさらされた時間によって，一過性聴力損失がどのように変化するかを示したもので，聴力図（オーディオグラム，audiogram）と呼んでいる[3]．図の横軸は周波数であるから 2000〜8000 Hz の範囲で聴力損失が大きくなっている．さらに，時間が長くなるほど聴力損失は大きくなることもわかる．

騒音の大きい工場で働く人々は，聴力の健康状態をときどき検査することが大切である．人間ドックでは聴力検査が実施されている．聴力検査は設定した各周波数ごとに音を聞くことのできる最小の音圧レベルを測定する．その値が低いと耳の聴力は良く，反対に高いと聴力は悪いのである．この聴力を測定する計測器が聴力計（オーディオメータ，audiometer）であり，JISにも定められている[2]．JIS によると診断用Ⅰ型オーディオメータは周波数が 125，250，500，1000，2000，4000，8000 Hz の純音を発生できる．可変減衰器のダイヤルが 0 のとき受話器には音圧レベルが可聴最小基準値（式 (2.4) に示す $p_0 = 2 \times 10^{-5}$ Pa），すなわち 0 dB が示されている．人の耳に受話器を当てて，オーディオメータのダイヤルを 0 から次第に高めてゆく．20 dB の目盛りではじめて聞こえるとすると，この人の聴力損失は 20 dB となる．つまり，20 才前後の健康な耳をもつ人より，20 dB 大きい音でないと聞こえないことになる．

厚生労働省では，労災補償の判定に用いる聴力の判断の方法として6分法を採用している．これは周波数500，1000，2000，4000 Hzの純音の聴力損失を測定して，それぞれ a, b, c, d [dB] とすると，

$$6 \text{分法の聴力損失} = (a+2b+2c+d)/6 \quad [\text{dB}] \tag{5.1}$$

で示される．

欧米で，6835名の男性労働者を対象とし，聴力損失が15 dB以上の人々について調査した結果が図5.6である．平均の騒音レベルが92，86，78 dB(A)のもとで仕事をしていた人々が15 dB以上の聴力損失になった割合が，年齢と騒音レベルの程度によってどのように変化するかを示したものである．年齢が高くなるにつれて，また騒音レベルが高くなるにつれて，聴力損

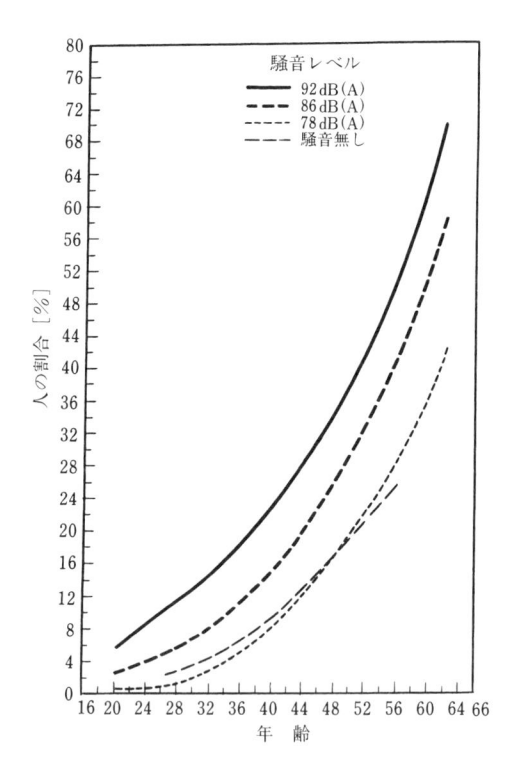

図5.6 人間の聴力損失に及ぼす年齢と騒音レベルの影響[3]

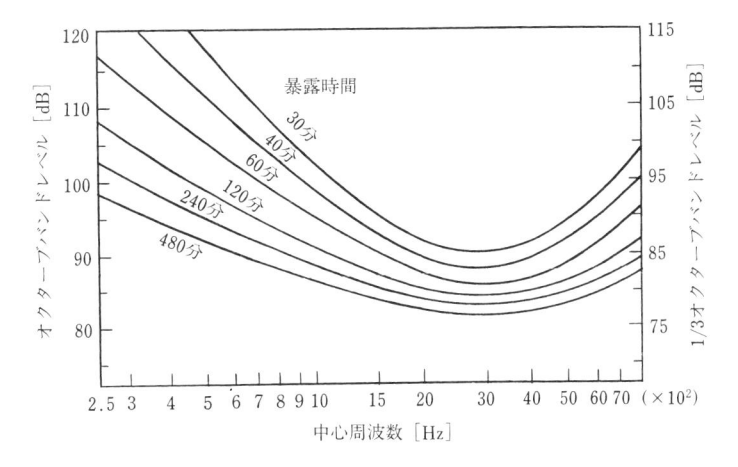

図 5.7　難聴を防止する騒音の基準値[4]

表 5.1　難聴を防止する騒音の基準値[4]

中心周波数 [Hz]	許容オクターブバンドレベル (dB，基準音圧 20 μPa とする)					
	480 分	240 分	120 分	60 分	40 分	30 分
250	98	102	108	117	120	120
500	92	95	99	105	112	117
1000	86	88	91	95	99	103
2000	83	84	85	88	90	92
3000	82	83	84	86	88	90
4000	82	83	85	87	89	91
8000	87	89	92	97	101	105

失になる人が増えていることがわかる．職場で高い騒音レベルに接していなくても，年配になるほど聴力損失者が増すこともわかる．

　日本産業衛生協会によって難聴を防止するための騒音の基準値が決められている．図 5.7 と表 5.1 にその基準を示す[4]．この表は以下のように使用するとよい．いま，騒音を測定したオクターブ中心周波数とその各バンドにおける音圧レベルが表 5.2 の通りであるとする．この音圧レベルから表 5.1 または図 5.7 を用いてそれぞれの中心周波数における許容時間を求めると表

表 5.2　騒音の基準を求めた例

中心周波数　　　[Hz]	250	500	1000	2000	4000	8000
測定した音圧レベル[dB]	98	99	95	92	87	89
表5.1または図5.7から求めた許容時間　　[分]	480	120	60	30	60	240

5.2の下段となる．これらのなかから最小時間の30分が，この場合における1日に騒音にさらされることが許される時間となり，これより長い時間騒音にさらされると，永久性難聴の障害を受けることになるので注意が必要である．

5.3.2　睡眠と休養の妨害

　人間の睡眠妨害にはいろいろな原因が関係しているが，とくに健康を害していると眠れないことは多い．調査によると，住宅地に住む人々が睡眠妨害を感じる騒音レベルよりも，病院の患者が感じる騒音レベルがかなり低い結果がでている．不慣れな環境や緊張すると眠るのに時間を要する．ベッドが変ったり，枕が変っても寝付くのに時間がかかる人もいる．また，日頃から聞きなれない音や大きな音があると，眠れないことは誰しも経験したことがあると思う．

　人間は多くの音が交じり合ったなかで自分に必要な音を聞き分けて応答することができる．Oswaldなどの実験[6]によると，人間は睡眠中に他人の名前を呼んでも目覚めないが，自分の名前を呼ばれると目覚めることを明らかにしている．さらに人間は睡眠のどの段階でも，その人に意味のある音に対しては聴覚を集中させ，他の音に対しては無視してしまうことができると説明している．このように人間は音に対して適当に制御し，また順応できる能力ももっている．騒音の比較的大きい環境に長時間住んでいると，その騒音に馴れてしまって気にならなくなってしまうこともある．

　睡眠中の人間に及ぼす騒音の影響は年齢によっても大きな違いがある．図

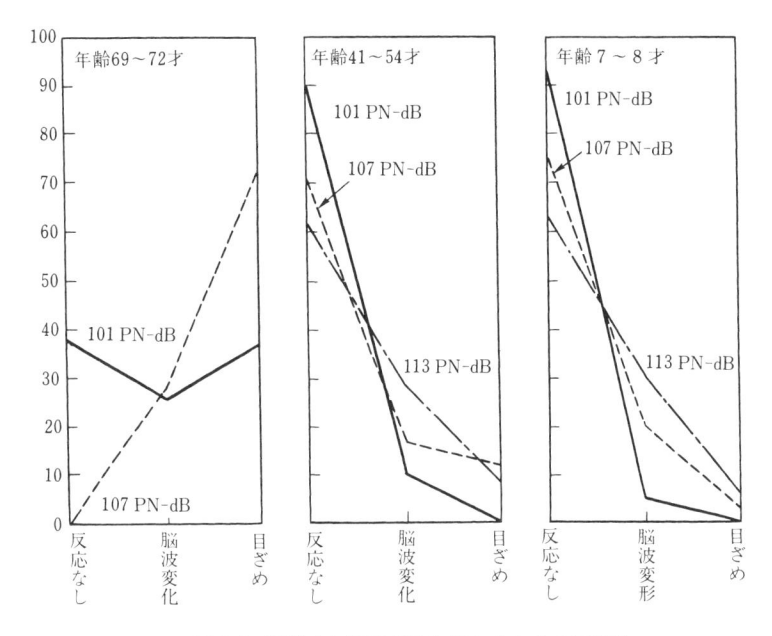

図 5.8　睡眠中に航空機音に接したときの反応[5)]

5.8 は Lukas & Kryter[5)] が調査実験した結果で，年齢が 7〜8 才，41〜54 才，69〜72 才の 3 つのグループの人々に対して，睡眠中に航空機騒音を与えてその反応を比較したものである．図を見ると 107 PN-dB（単位の PN-dB は第 6 章参照）の騒音レベルを睡眠中に与えると，7〜8 才の子供はほとんどの者が目覚めないのに対し，41〜54 才ではやや増加して 10% 程度が目覚めているが，69〜72 才になると急に増加して 70 数% にも達している．若い人よりも年配になるほど騒音に対して敏感に反応することを示している．

同様のことは日常生活においても見られることである．睡眠中の夜中に雷雨があると，その音で年配の人は目覚めることが多いが，子供は目覚めないで朝まで眠っていることからも，年配になるほど騒音を感じやすいことが推察できる．

騒音はこのように人々の睡眠を妨げることが多いが，しかし，反面適当な音があるとむしろ眠りに就くのが早い場合もある．Olsen と Nelso の研究[7)]

によると，泣いている赤ちゃんは 320～350 Hz の音を聞かせると泣き止んで眠ってしまうことが多い．このような音を出す玩具が売られている．

5.3.3　身体への影響

　大きな騒音や衝撃的な騒音に長時間接していると頭が痛くなることがある．とくに周波数の高い騒音の場合には頭痛のみならず，胃腸の調子も悪くなることがある．動物実験によると，長時間大きな騒音を聞かせると胃潰瘍の発生率が高くなることが明らかになっている．人間に対しても唾液の分泌量の低下，胃液の分泌量の低下，胃液酸度の低下，胃運動の減退などが観察されている[3]．また，骨には造骨細胞の萎縮が現れたり，呼吸数の増加，脈拍数の増加，酸素消費量の増加，抹消血管抵抗の高まりによる交感神経緊張が観察されている[3]．

　騒音は人間の精神的・心理的な面にも影響を及ぼしている．とくに，高度の精神的緊張を必要とする仕事に従事している人は，単純な軽作業に従事している人よりも，大きい騒音に対して精神面で過敏になることが多いので，騒音を避けることがとくに必要である．むしろ，音楽のように人の心を和らげる音に接し，精神的な負担を軽くすることである．工場でも作業中に適度の BGM（background music）を流して，作業者の心理的・精神的緊張を和らげて，作業能率を高めている．

　人間の身体的な障害や精神的イライラ，ストレスなどに影響する騒音の特徴をまとめると以下のようになる．

① 周波数がかなり高い音，たとえば，ジェット機のエンジン音のような金属的な高周波音は短時間の間に人間に被害を及ぼす．
② 周波数が 30 Hz 以下のように極度に低い聞き取り難い音は，比較的長時間をかけて少しずつ被害が現れてくる．
③ 周波数が 2000～4000 Hz 付近の騒音レベルが 90 dB(A) 以上になる場合には接する時間に十分に注意することが大切である．
④ 連続的な大きい振動を伴う高レベルの衝撃音や間欠音は避けること．くい打ち，せん断，プレス，鍛造などの作業では騒音と振動の両方に

よる影響が現れてくる．

5.4 マスキング効果とは何か

　人々が話をしているときに，スピーカから音楽が流れると話が聞き取りにくくなったり，線路の近くの家では電車が通過するときには，テレビやラジオの音が聞こえなくなるなど，対象としている音が他の音によって聞き取り難くなったり，聞こえなくなったりすることは日常よく経験することである．このような現象をマスキング効果（masking effect）という．マスク（mask）とは，昔，ギリシャ喜劇やローマ喜劇に出てきた顔の全面または一部を覆う仮面のことを言ったものであり，現在でも，人々が風邪をひいたときに口や鼻を覆う布をマスクと呼んでいる．このように，目的としている顔やその一部を覆って見えなくしてしまうのがマスキングである．

　これと同様に，目的とする音を聞こえなくするために，他の音を出して目的音を覆うのである．喫茶店で音楽（BGM）を流している目的の1つは，人々の話し声が他の人々に聞こえないようにするマスキング効果を利用したものである．この効果を上手に利用すると，ある周波数帯域の音を聞こえなくして，低い周波数の音だけを聞くことができるようになる．

　マスキング効果を定量的に表示するのにマスキング量がある．マスキング量とは，マスクされる音の最小可聴限，すなわち人間が聞くことのできる最小のレベルが，マスクする音が存在するときとしないときで変化するのでその変化量をいう．マスクする音が存在すると最小可聴限が高くなるので，この上昇値がマスキング量（dB 単位）である．

　マスキング効果について，Wegel と Lane[8]によって示された結果が図 5.9 である．周波数 1200 Hz，感覚レベル 80 dB の A 音が，他の周波数の B 音をどのようにマスクするかを示したものである．図中の実線から下の①の範囲は A 音のみが聞こえ，B 音はマスクして聞こえない．周波数の低い②の範囲は A 音と B 音がそれぞれ別々に聞こえる．図中の実線はマスキング曲線と呼ばれており，この曲線は 1200 Hz の A 音があるためにマスクされ

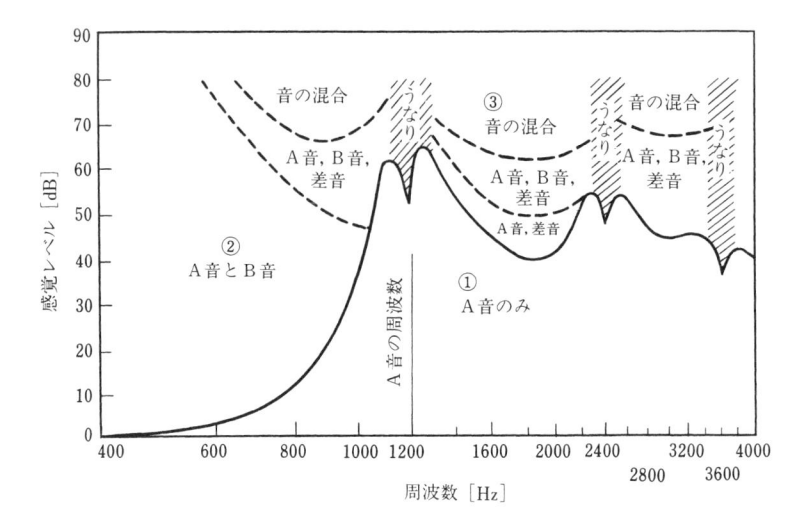

図 5.9 2つの純音を聞いたときのマスキング効果[3)]

て聞こえなくなった B 音の最小可聴値を示している．これより低いレベルでは B 音は聞こえなく，レベルを高くすると B 音は A 音と複雑にからんで聞こえだす．

　A 音の周波数 1200 Hz 付近で曲線が高くなっているのは，マスキング量が大きいことを示している．周波数が大きくなると曲線がやや低下しているが，周波数の大きい領域はマスクされやすいことを示している．反対に周波数が小さい領域は曲線が急激に低下しており，マスクし難いことがわかる．B 音が聞こえるのは②と③の領域であるが，マスクされているため小さく聞こえる．図を見ると A 音の周波数 1200 Hz の整数倍の周波数においてマスキング曲線が谷状にくぼんでいる．くぼんでいる所はやや B 音が聞き取りやすくなっていることを意味している．

　マスキング効果における性質をまとめると，
　① 低周波数の音は高周波数の音をマスクするが，反対に高周波数の音は低周波数の音をマスクし難い．
　② マスクする音の周波数に近い周波数音ほどマスクされやすい．

③ マスクする音の音圧レベルが高いほどマスキング量は大きくなる．

5.5 騒音に対する保護具

　人々が騒音に接しないようにするには音源から離れることができればもっとも簡単であるが，離れることができない場合には，音源に対する対策を施して音響出力を小さくする．さらに，音源から人々の耳に来るまでの間で音を吸収したり，しゃ断する．しかし，それでもまだ騒音レベルが低くならない場合には，難聴の防止や，仕事の能率低下を防止するために，人に対する耳の保護具が必要になる．

　耳の保護具を用いることは心地よいものではないし，人の行動面からみても好ましいとはいえないので，防音に対する最後の手段として用いるものである．

　耳の保護具として簡単なものは，耳の外耳道に入れて進入する音を防止するゴム状の耳栓がある．これは小さいので外から見てもわかり難いし，動作を妨げるものでもないが，耳の外耳道に触れるため，感触としてよいものではないし，大きな防音効果を期待するのは困難である．

　さらに，大きな保護具になると耳介全体を包むヘッドホーン式保護具がある．これは大きいので外から見てよくわかるし，保持するために頭上に保護具が必要である．そのため，行動するのには都合が悪い．

　同じような外形のヘッドホーン形式であるが，騒音を小さいマイクロホンで受け，コントローラで周波数を分析して位相が逆の音波をヘッドホーンから出し，入射する騒音の波形の振幅を小さくして積極的に騒音を小さくする保護具を図 5.10 に示した．この保護具はたんに耳をカバーして騒音の進入を防ぐしゃ音効果だけでなく，積極的に音を出して騒音を消してしまう前向きな消音機能を備えたものである．しかし，騒音の波形が純音に近いような単純な正弦波であれば効果は大きいが，一般に，発生している工場騒音は不規則な音であったり，衝撃的な音である場合が多く，騒音の性質によっては効果が小さい場合もある．

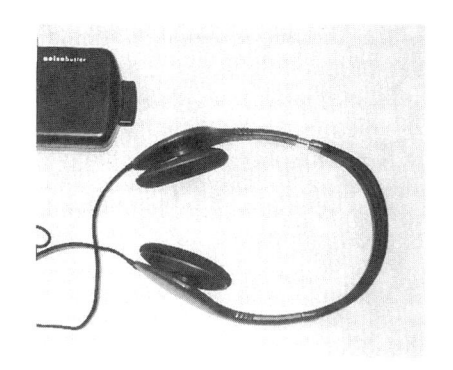

図 5.10　ヘッドホーン式保護具

　この方法の詳細は 13.2 節に述べる．さらに，これは小さいポータブルプレーヤに接続して，騒音の環境でも音楽を聞きながら仕事をすることもできる．

第6章
騒音をどのように評価するか

　第2章において音圧レベル，音の強さのレベル，音響パワーレベルについて説明したが，これらはいずれも音の物理量である．したがって，音を物理量により評価するにはこれらを用いるとよい．しかし，騒音の評価は人間を含む複雑な要因が絡み合っているので，これらの物理量だけでは十分でない．騒音の評価には騒音の持続する時間や，時間的変化の様子，周波数，発生時刻，発生頻度なども関係してくる．騒音レベルが低くても，ジェットエンジンやタービンの音のように周波数が大きいと人間には不快に感じる．航空機騒音のように夜間に発生したり，発生頻度が多いと不快感は大きくなり，心理的，生理的な影響も関係する．騒音がもつ種々の特性を有効に組み入れて，騒音評価をするいくつかの方法があり，国際的にも用いられている．

6.1 等価騒音レベル L_{eq}

　道路を走行する自動車からの騒音レベルは，自動車の台数の多少によって変動するし，信号で停車，発進を繰り返すことによって騒音レベルは大きく変動する．このように，騒音レベルが時間と共に変動する場合は多く見受けられる．時間的に変動する場合は，瞬時の測定や，短時間の測定では不十分であり，長時間測定する必要がある．

　いま，その測定時間を T とし，T 時間内の騒音の全エネルギーを T で

割った時間平均値から騒音レベルを求めたのが等価騒音レベル L_{eq} (equivalent sound level) である．この方法は ISO に規定され，国際的に広く使用されている．これを式で示すと，

$$L_{eq} = 10 \log_{10} \left(\frac{1}{T} \int_0^T 10^{L(t)/10} dt \right) \tag{6.1}$$

$L(t)$ は時間と共に変動する騒音レベルで，時間の関数である．この式は一見複雑そうに見えるけれども，すでに第 2 章に用いた式(2.16)を変形すると理解できる．すなわち，

$$L(t) = 10 \log_{10} \frac{I}{I_0} \text{ より，} \frac{I}{I_0} = 10^{L(t)/10}$$

となり，これが式(6.1)の（ ）内に用いられている．これを時間 t で長時間の測定時間 T まで積分し，T で割って騒音エネルギーの時間平均を出していることがわかる．

測定時間 $T = 12$ 時間の場合の等価騒音レベルを $L_{eq}(12)$，$T = 24$ 時間の場合を $L_{eq}(24)$ と表示している．

人々が騒音を聞くときに，昼間と夜間では受ける影響が異なってくる．夜間の睡眠中に騒音が発生すると影響はきわめて大きい．そのため，昼間と夜間で騒音に対する評価の重みに差をつけた L_{dn} がアメリカ環境保護庁で用いられている．

$$L_{dn} = 10 \log_{10} \left[\frac{1}{24} \{15 \times 10^{L_d/10} + 9 \times 10^{(L_n+10)/10} \} \right] \text{ [dB]} \tag{6.2}$$

ここで，L_d：昼間，すなわち午前 7 時から午後 10 時までの等価騒音レベル，L_n：夜間，すなわち午後 10 時から翌日の午前 7 時までの等価騒音レベル．

上式の [ ] 内を見ると $(L_n + 10)$ となっており，夜間の等価騒音レベルに 10 dB を加算して重みをつけて，24 時間の等価騒音レベルを求めている．

道路騒音の評価方法として，日本では騒音に係る環境基準の法令に基づいて，騒音レベルの中央値が用いられてきたが，騒音レベルの分布を考慮した評価方法が交通騒音指数 TNI（traffic noise index）であり，イギリスで提案された．この方法はよりいっそう実態を示していることから用いられてい

る．

$$TNI = 4(L_{10} - L_{90}) + L_{90} - 30 \quad [\text{dB}] \tag{6.3}$$

L_{10}：騒音レベル分布の 80％レンジの上端値

L_{90}：騒音レベル分布の 80％レンジの下端値

ISO では，L_5（騒音レベル分布の 90％レンジの上端値）と，L_{95}（騒音レベル分布の 90％レンジの下端値）が用いられている．80％レンジおよび 90％レンジについては 7.3 節を参照して欲しい．

6.2　知覚騒音レベル PNL

航空機騒音のなかでも音速を超えるジェット機からの騒音は，高い周波数領域においてレベルが高いために，人間にはきわめてうるさく感じる．これに反して，低い周波数領域ではそれとレベルが同じでも，それほどうるさくは感じない．そのため，騒音の周波数を考慮する必要がある．したがって，各周波数バンドごとにうるささを求めて，その騒音全体を評価することが必要になる．航空機騒音のうるささについて Kryter[1),2)] が調査した結果を基にして，知覚騒音レベル PNL（perceived noise level）の評価方法が生まれた．これを感覚騒音レベルと訳している場合もある．

うるささを求める方法として図 6.1 が ISO によって示されており，外国でもこれが用いられている．うるささの単位として［noy］が用いられている．

航空機騒音における知覚騒音レベルを求めるには，航空機騒音を 1 オクターブバンド以下のバンド幅で周波数分析し，各バンドの中心周波数と音圧レベルから図 6.1 を用いて各バンドごとのうるささの値 noy を求める．これらの noy 数を式(6.4)に代入し，総 noy 数を計算し，騒音のうるささ N を求めて，これを式(6.5)に代入して知覚騒音レベルを求めることができる．

騒音のうるささ N を求める式は，

$$N = N_m + F\left(\sum_{i}^{n} N_i - N_m\right) \quad [\text{noy}] \tag{6.4}$$

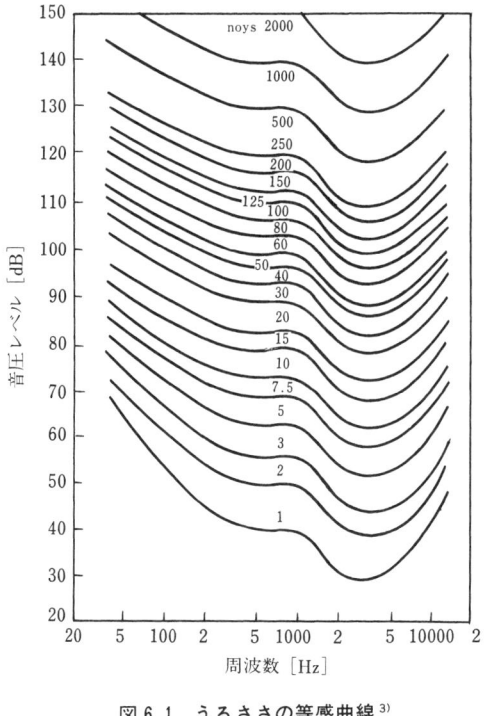

94 第6章 騒音をどのように評価するか

図 6.1 うるささの等感曲線[3)]

表 6.1 知覚騒音レベル PNL とうるささ N との関係

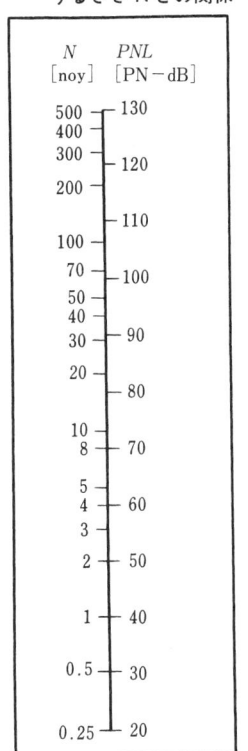

N [noy]	PNL [PN−dB]
500	130
400	
300	120
200	
100	110
70	100
50	
40	
30	90
20	80
10	70
8	
5	60
4	
3	
2	50
1	40
0.5	30
0.25	20

ここで, N_m：各バンドごとの noy 数の最大値

$\sum_{i}^{n} N_i$：各バンドごとの noy 数のすべての和

F：定数, 1 オクターブの場合は, $F=0.3$

1/3 オクターブバンドの場合は, $F=0.15$

知覚騒音レベル PNL を求める式は,

$$PNL = 40 + 10\frac{\log_{10} N}{\log_{10} 2} \quad [\text{PN-dB}] \tag{6.5}$$

この式を用いて PNL と N との関係を表にすると表 6.1 となる．

6.3 会話妨害レベル SIL

人々が話をしているときに，外部からの騒音で話が妨害されると不愉快である．人の話を妨害する騒音の評価量として会話妨害レベル SIL (speech interference level) がある．人の話の周波数は主に 300〜4000 Hz の周波数に分布しているため，以前は周波数の範囲として 600〜1200，1200〜2400，2400〜4800 Hz の 3 つのバンドにおける，それぞれの音圧レベルの算術平均を会話妨害レベルとして採用してきた．しかし，その後，周波数帯域は ISO に定めた周波数分析のオクターブバンドの中心周波数を採用することになって，500，1000，2000，4000 Hz を中心周波数とするオクターブバンドの音圧レベルを算術平均して会話妨害レベルとする方法に国際的にも統一された．

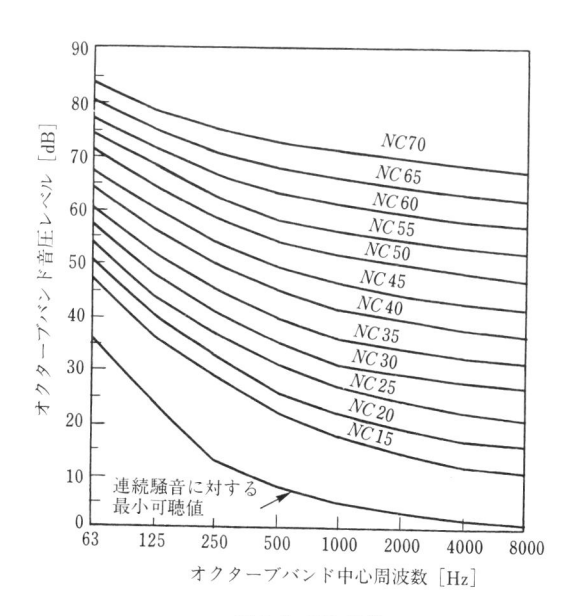

図 6.2　NC 曲線

しかし，上記以外の周波数の騒音も話の妨害に関係していると考えられるので，さらに広い範囲の周波数まで広げた NC (noise criteria) 値が提案されている．これは 63 から 8000 Hz までのそれぞれのオクターブバンドにおける音圧レベルを測定し，その周波数と音圧レベルを用いて図 6.2 に示す NC 曲線から，それぞれの周波数における NC 値を読み取り，それらの中からもっとも大きい NC 値を採用する．

一般に騒音が人間に及ぼす影響は，人々の耳の感度から高周波音よりも周波数が低くなるほど小さいので，周波数の低い音ほど音圧レベルは高くても問題になり難いことになる．これは図 6.2 に示すように，低周波数域において曲線が上昇していることからも理解できる．

6.4 騒音評価指数 NRN

騒音評価の方法として ISO からも提案されているのが騒音評価指数 NRN (noise rating number) である．NR 数ともいう．さきの NC 数を求めたのとよく似た方法で，31.5～8000 Hz までの周波数の各オクターブバンドの中心周波数における音圧レベルを測定して，図 6.3 から NRN を求め，それらの中から NRN の最大値を求めて騒音の影響を評価するものである．一般に，NRN の最大値が騒音のうるささを支配しているが，騒音の繰り返し頻度，発生時刻，発生場所などによっても影響があるため，これらを考慮した NRN に対する補正を行って，より適切な騒音評価をすることも提案されている．

6.5 航空機騒音評価

日本はもとより世界の各地で新しい空港が建設されたり，滑走路の延長が進んでいる．航空機を利用する人口の増加により，それに対応するため航空機の大型化，高速化，運行回数の増加が見られる．そのため，空港周辺において航空機騒音に対する苦情が各地で発生している．

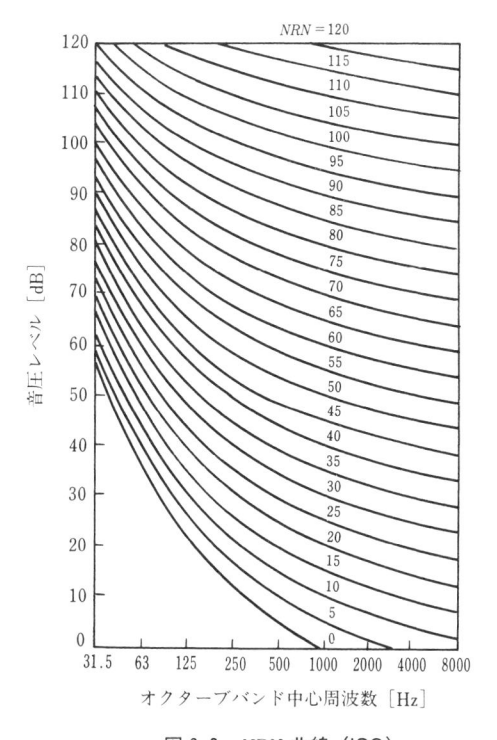

図 6.3　NRN 曲線（ISO）

　航空機による空港周辺の騒音の評価方法はいろいろ提案されている．まず，空港への航空機の離着陸回数を騒音評価に考慮した方法が最初にイギリスで提案され，以前，日本でも用いられていたのが NNI（noise and number index）である．次の式を用いて求める．

$$NNI = \overline{PNL} + 15 \log_{10} N - 80 \tag{6.6}$$

ここで，
　$\overline{PNL}$：1日に離着陸する各航空機の知覚騒音レベル PNL の平均値
　N：1日に離着陸する航空機の数
　NNI の数値が大きくなると空港周辺の騒音苦情も多くなるので，数値を低くすることが必要である．NNI によって各空港における騒音の評価の対

表 6.2 航空機騒音に係る環境基準

○ 環境基準

地域の類型	基準値（WECPNL）
I	70 以下
II	75 以下

(備考)　I 類型：専ら住居の用に供される地域
　　　　II 類型：I 以外の地域であって，通常の生活を保全する必要がある地域

比をすることができる．

さらに，NNI よりも騒音に対し，発生時刻に細かく考慮して評価をする方法として加重等価持続知覚騒音レベル WECPNL（weighted equivalent continuous perceived noise level）がある．航空機騒音に対する環境基準として日本で用いられている．これは，同じ航空機騒音でも昼間と夜間では人々に及ぼす影響が異なるので，夜間における騒音の離着陸数に重みを加えたものである．次の式を用いている．

$$WECPNL = \overline{dB(A)} + 10\log_{10}(N_1 + 3N_2 + 10N_3) - 27 \tag{6.7}$$

ここで，

$\overline{dB(A)}$ は変動するレベルの平均値

N_1 は 7 時から 19 時までの離着陸数

N_2 は 19 時から 22 時までの離着陸数

N_3 は 22 時から 7 時までの離着陸数

環境庁は航空機騒音に関する環境基準に WECPNL を採用している．その基準値を表 6.2 に示す．「住居の用に供される地域」とそれ以外の地域に分けて基準値を決めているが，人々が安心して生活するためには，WECPNL が 70 または 75 dB 以下にすることと決められている．したがって，高い数値を示す空港においては，種々の騒音対策を施す必要がある．

第7章
騒音をどのように測るか

　騒音評価は，まず騒音レベルを測定することから始まる．その結果をもとに騒音の大小を判断することができる．騒音レベルが大きいとき，それを低くするための対策を立てる必要があるが，そのためには，その騒音の特性をよく知ることが大切である．発生している騒音を解析し，得られたデータを処理して最適な静音化手法を施すことである．

7.1　騒音の何を測るか，測定計画を立てよう

　騒音測定においては，まずその騒音がどこから出ているか，すなわち工場・事業場騒音か，交通騒音か，建設作業騒音か，近隣騒音かなどによってその騒音のおよその特性がわかる．つまり，つねに一定の騒音レベルが発生しているか，時間的に騒音レベルの変動があるのか，きわめて短時間の衝撃音なのか，音源が移動するのか，発生時刻はいつか，発生の頻度は，高い音か低い音かなど，測定器で測定する前にあらかじめ人の耳で騒音を聞くことによって，騒音の大体の性質を知ることができるので，それをもとに測定計画を立てるとよい．
　つぎに測定器を用いて測定する．まず，騒音計を用いて騒音レベルを測定する．これはどの騒音源からの騒音に対しても共通していることで，騒音レベルの数値の大小が騒音の大きさやうるささを決める大きな要素である．
　この騒音が時間的に変動する場合には，長時間測定するための測定回数を

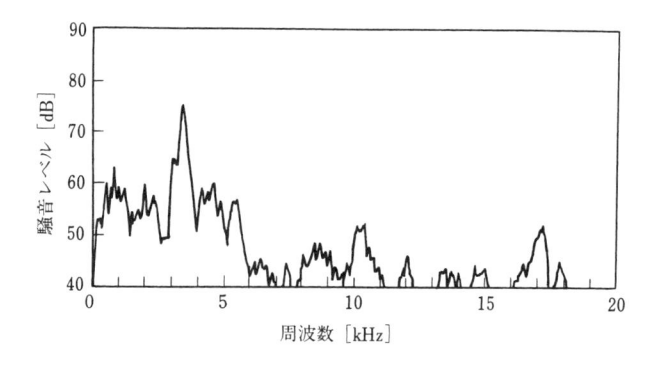

図 7.1 ある工場の生産設備から出る音の周波数分析

決める必要がある．騒音の発生頻度や騒音レベルの指示値が周期的に変動する場合は，その周期の測定が必要である．反対に不規則に変動する場合は発生の頻度や，一定の時間間隔で騒音レベルを測定し，変動の分布を知ることが必要となる．

つぎに騒音の周波数分析をする．発生している騒音がどのような周波数分布をしているかを知ることは，騒音評価においても，また騒音対策上からもきわめて大切である．人間の耳の共鳴周波数周辺のレベルが大きいと，聴力障害やうるささに及ぼす影響が大きいので，同じ騒音レベルであっても周波数におけるレベルの分布によって騒音評価が同じではない．騒音の周波数分析の結果を見て，レベルの高い周波数がどれかを知り，その周波数のレベルを下げる対策を施すことによって，全体の騒音レベルの低下を大きく期待することができる．

図 7.1 はある工場の生産設備から出ている騒音の周波数分析結果である．図を見ると周波数 3000 Hz と 4000 Hz との間においてレベルが大きくなっていることがわかる．したがって，この周波数のレベルを低くする対策を考えれば良い．周波数がわかっているので対策を立てる上で好都合である．

図 7.2 に騒音の特性上からの分類と騒音に関する測定項目について示す．騒音を評価するのに必要な項目はその騒音の特性によって決まるので，発生

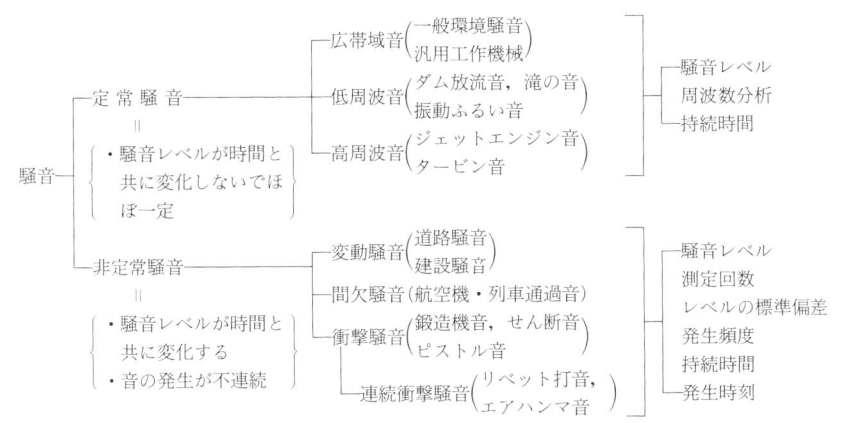

```
                    ┌広帯域音 (一般環境騒音/汎用工作機械)       ┌騒音レベル
         ┌定常騒音──┼低周波音 (ダム放流音, 滝の音/振動ふるい音)  ┼周波数分析
         │  =       └高周波音 (ジェットエンジン音/タービン音)    └持続時間
         │ ・騒音レベルが時間と
         │  共に変化しないでほ
         │  ぼ一定
騒音─────┤
         │           ┌変動騒音 (道路騒音/建設騒音)              ┌騒音レベル
         │           ├間欠騒音 (航空機・列車通過音)              ├測定回数
         └非定常騒音─┼衝撃騒音 (鍛造機音, せん断音/ピストル音)   ├レベルの標準偏差
             =       └連続衝撃騒音 (リベット打音,/エアハンマ音)  ├発生頻度
           ・騒音レベルが時間と                                    ├持続時間
            共に変化する                                           └発生時刻
           ・音の発生が不連続
```

図 7.2　騒音の特性上からの分類と発生源からの分類の関係および測定項目

している騒音がどのような性質なのか，そして，どのような評価方法を用いるのかを十分理解した上で各項目について測定することが必要である．

7.2　騒音計の種類

　騒音測定に使用する騒音計は簡易騒音計，普通騒音計および精密騒音計がよく使用されるが，このほかに短時間の衝撃音やパルス音を測定する衝撃騒音計や，きわめて低い周波数の騒音を測定する低周波騒音計もある．これらの騒音計のなかでも一般の騒音測定には普通騒音計が多く使用されている．

　騒音計の基本的な構成を図 7.3 に示す．精密騒音計も同様の構成である．マイクロホンに入った騒音がマイクロホン内の薄い振動膜を振動させ，振動の大きさに比例して微少電圧が発生する．この電圧を大きくする増幅器やメータの指示を調整する減衰器，A 特性や C 特性など周波数補正を選択できる周波数補正回路，変動する音圧の波形の実効値を示す実効値整流回路を経てメータに騒音レベルが指示される．メータには 0 から 10 dB までのアナログ表示ができるので，騒音レベルが大きくなるにしたがって，レベルダイヤルで 10 dB ごとの切り替えが可能になっている．なお，数値で騒音レベ

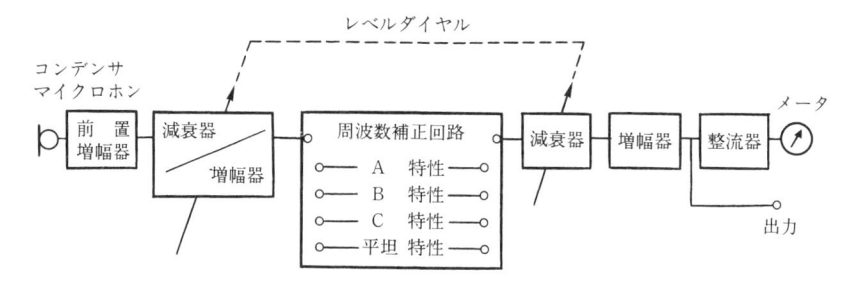

図7.3 騒音計の基本的な構成

ルの表示をするディジタル式の騒音計もあるが，これはレベル切り替えの必要はない．さらに，周波数補正回路もダイヤルによって測定目的にしたがって切り替える．

さらに，入力が2チャンネルになっている騒音計もあり，2つのマイクロホンを騒音計に結び，2点の騒音レベルの関係を測定できるほか，マイクロホンと振動ピックアップを騒音計に結び，発生している騒音と振動の相関関係を調べて，物体の振動が騒音に及ぼす影響も知ることができる．普通騒音計は屋外で測定することが多く，移動しやすいよう持ち運びに便利なハンディタイプである．これに反して，精密騒音計は主として実験研究用に用いるので，定置式な形状になっているものが多い．図7.4に広く用いられている普通騒音計と精密騒音計の形式を示す．普通騒音計にはマイクロホンが直結しているが，精密騒音計はマイクロホンと分離しておりコードでつながっている．無響室や実験室で用いるのに便利なためである．

（1）**普通騒音計**（sound level meter）

普通騒音計は一般に環境騒音の測定に広く用いる．小型なので，先端のマイクロホンを音源へ向けて手持ちで騒音レベルの測定ができる．普通騒音計の特性は IEC Pub. 123 および JIS C 1502 に規定されている．周波数補正回路には原則として A 特性と C 特性を備えている．

JIS に示されているこれらの周波数補正特性を図7.5に示す．レスポンスのばらつきの範囲を破線で示してある．その差は周波数が 125 Hz から 1250

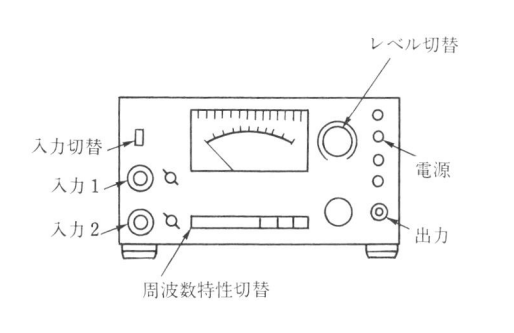

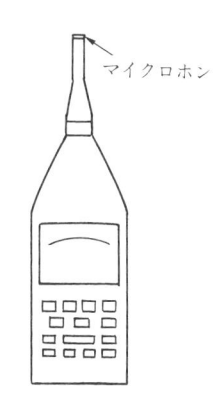

(a) 精密騒音計

(b) 普通騒音計

図 7.4　精密騒音計と普通騒音計

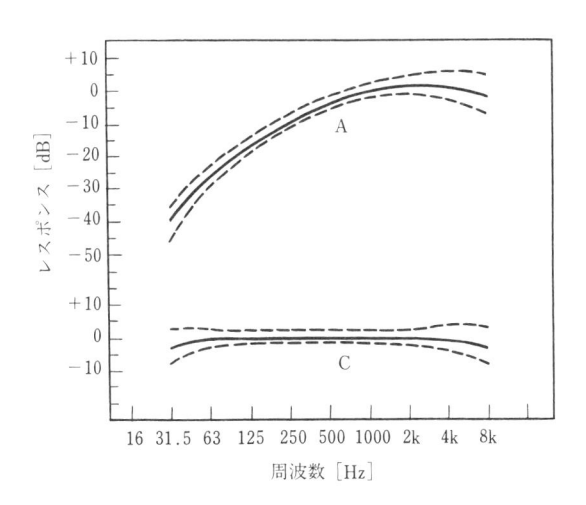

図 7.5　普通騒音計の周波数補正特性（JIS C 1502）

Hz の範囲で ±2.0 dB であり，定格周波数の範囲は 31.5〜8000 Hz と規定されているが，最近の普通騒音計はこれよりも広い範囲での測定も可能となっている．

（2） 精密騒音計 (precision sound level meter)

精密騒音計は騒音の実験研究に用いるため精度は高く，定格周波数範囲も広く，やや高価となる．この特性は IEC Pub. 179 および JIS C 1505 に規定されている．

周波数補正回路としては，A 特性，C 特性および平坦特性を備えるとしているが，C 特性と平坦特性はいずれかを除いても良いことになっている．これらの周波数特性は JIS に示されており，図 7.6 に周波数特性とレスポンスのばらつきの範囲を示す．さきの図 7.5 に比べてばらつきの範囲が小さく規定されており，測定精度が高いことがわかる．また，定格周波数範囲は 20～12500 Hz と規定され普通騒音計より広くなっている．

この騒音計は主として精密な実験研究用として無響室に置き，被測定物からの音を測定するなどに用いるので，無響室内にマイクロホンとそれに接続した小さいプリアンプ（前置増幅器）を置き，人と共に本体は無響室外へ設

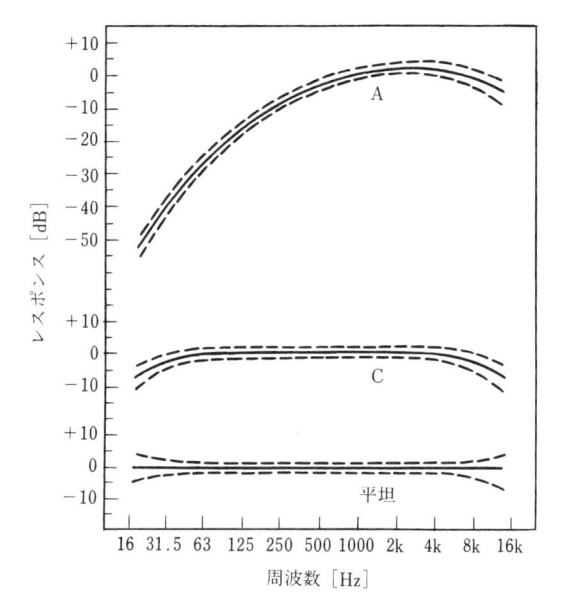

図 7.6 精密騒音計の周波数補正特性（JIS C 1505）

置し，コードで接続して測定する場合が多い．

7.3 騒音レベルの測り方

騒音レベルを測定するには騒音計とマイクロホンが必要であるが，騒音規制法によると，騒音測定に用いる騒音計としては JIS に定められた 3 種類の騒音計，すなわち簡易騒音計，普通騒音計，および精密騒音計を用いてよいことになっている．しかし，JIS によると「簡易騒音計は騒音レベルの大略の値を指示させて予備的調査に使用するものであり，取引証明の目的には指示騒音計（普通騒音計または精密騒音計）を使わなければならない」と記されている．

一般環境騒音などの測定には普通騒音計を広く使用しており，精度の高いレベル値を測定する実験・研究用などには精密騒音計を用いている．さらに，きわめて短時間に発生する衝撃音や，短い不連続音などの測定には衝撃騒音計を用いる．

騒音レベルの測定には A 特性を用いることになっているので，騒音計は周波数補正回路を内部に備えている．周波数補正曲線は A，B，C，D および平坦特性の 5 種類がある．これらの曲線は IEC（国際電気標準会議）によって規定され，日本でもこの規定を用いている．

図 7.7 に JIS に規定された A，B，C および D 特性を示す．それぞれ周波数特性が異なっており，とくに周波数の低い領域において著しい違いがある．しかし，1000 Hz の周波数においてはすべての特性が一致していることがわかる．これらの特性曲線は一般にすべてが用いられているわけではないが，一応以下にそれぞれについて説明しておく．

（1） A 特性

一般にもっとも多く用いる特性であり，騒音レベルの測定にはこの特性を用いることになっている．この曲線は図 2.3 に示した等感曲線の 40 phon の曲線に近い形をしている．つまり，騒音は人間を対象として判断するので，人間の耳の感度特性に似た形をしているのである．また，この特性曲線は音

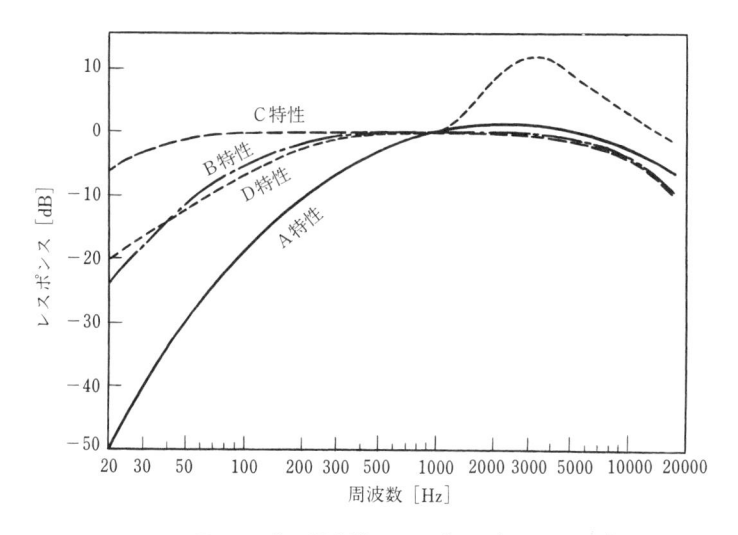

図7.7 指示騒音計のレスポンス(JIS C 1505)

の物理的解析などに用いる平坦特性で測定したレベル結果から騒音レベルを求めるのに用いることができる．

(2) B特性

これは等感曲線の 70 phon に対応する特性であり，昔は用いられたが現在はあまり用いられていない．JIS によっても普通騒音計および精密騒音計には B 特性は備えなくてよいことになっており，市販されている多くの騒音計には B 特性は無くなっている．

(3) C特性

これは 85 phon 以上の等感曲線に対応する特性であり，図 7.7 を見てもわかるように，周波数にたいしてかなり平坦な応答を示すものである．そのため，周波数の補正を必要としない音の周波数分析に使用される．音圧レベルの測定にこの特性を用いる．

(4) D特性

騒音のやかましさを考慮に入れた聴感曲線であり，航空機騒音の監視などの特殊な場合などに使用する．

（5） 平坦特性

可聴周波数の全範囲にわたり平坦な特性をもっている．さきの C 特性は図 7.7 に示すようにかなり平坦であるが，これよりもさらに平坦な特性である．そのため，音の物理的な周波数特性を測定するにはこれを用いる．実験室で音を解析したり，音圧レベルを測定するには，この特性を用いるとよい．

騒音レベルの測定方法には JIS[1] によって規定されているものもある．たとえば，工作機械から出る騒音レベルの測定方法は JIS によると，無負荷運転中は工作機械の最高速度で運転しているときの騒音レベルを測定する．負荷運転中は原則として主電動機定格の約 50% の消費動力で運転しているときの騒音レベルを測定する．測定点の高さは床面から 1.2 m，水平面内の位置は工作機械の表面から 1 m である．測定点の数は原則として工作機械の前面，後面，両側面および操作者の位置の 5 か所と決まっている

工作機械のように内部に多くの音源をもつものや，表面に穴のあるものなどは場所によって騒音レベルが著しく異なることがある．さらに，音源には特定の方向に音響エネルギーを放出し，大きな騒音レベルを示すことがある．また見掛け上の音源が離れていても，音源からの振動が板を振動させて，板からも音が出ていることもある．

風のある屋外で騒音レベルを測定する場合には，マイクロホンに風が当たり，いわゆる風切音が発生するので，騒音レベルが大きくなることがある．

このように，騒音レベルの測定に際しては被測定物，音源，測定位置，測定時間，騒音の特性，風向きなど十分に考慮して測定しないと，間違った結果を出すことになるので注意が必要である．

騒音規制法によると，特定工場において発生する騒音の規制に関する基準が定められており，騒音レベルの大きさの決定は次の方法によるとされている．

① 騒音計の指示値が変動せず，また変動が少ない場合は，その指示値とする．

② 騒音計の指示値が周期的または間欠的に変動し，その指示値の最大値がおおむね一定の場合は，その変動ごとの指示値の最大値の平均値とする．
③ 騒音計の指示値が不規則かつ大幅に変動する場合は，測定値の90％レンジの上端の数値とする．
④ 騒音計の指示値が周期的または間欠的に変動し，その指示値の最大値が一定でない場合は，その変動ごとの指示値の最大値の90％レンジの上端の数値とする．

このように定められているが，ここに示す90％レンジの上端の数値について説明しておく．

騒音計の数値が変動する上記の③および④の場合には，ある一定の時間間隔，たとえば，5秒あるいは10秒ごとに騒音レベルを測定する．総測定回数が50とすると，騒音レベルの低い値から順次測定回数を累積してゆく．その累積度数と騒音レベルとの関係をグラフに描く．累積度数25の示す騒音レベルが50％値，すなわち中央値である．これを L_{50} と書く．また，累積度数の上下それぞれ5％，つまり累積度数50の95％（47.5）と，5％（2.5）の騒音レベルをそれぞれ90％レンジの上端値および下端値といい，上端値を L_5，下端値を L_{95} と書く．

表7.1は，指示値が不規則で大幅に変動する騒音を50回測定した騒音レベルの数値を示している．これらの測定値のなかから同一騒音レベルが現れた度数と，その下に累積度数を記入してまとめたものが表7.2である．たと

表7.1 50回測定した騒音レベルの数値

測定回数	1	2	3	4	5	6	7	8	9	10
	72	80	74	71	69	70	76	75	72	74
10台	77	87	72	68	70	65	71	83	79	75
20台	73	81	68	72	85	71	74	78	76	72
30台	78	80	70	75	72	75	73	83	67	70
40台	73	78	79	70	69	72	74	71	76	79

dB(A)

表7.2 同一騒音レベルの現れた度数と累積

末尾の数字	0	1	2	3	4	5	6	7	8	9	
60台 dB(A)						1	0	1	2	2	度数
							1	1	2	4	6	累積
70台 dB(A)	5	4	7	3	4	4	3	1	3	3	度数
	11	15	22	25	29	33	36	37	40	43	累積
80台 dB(A)	2	1	0	2	0	1	0	1			度数
	45	46	46	48	48	49	49	50			累積

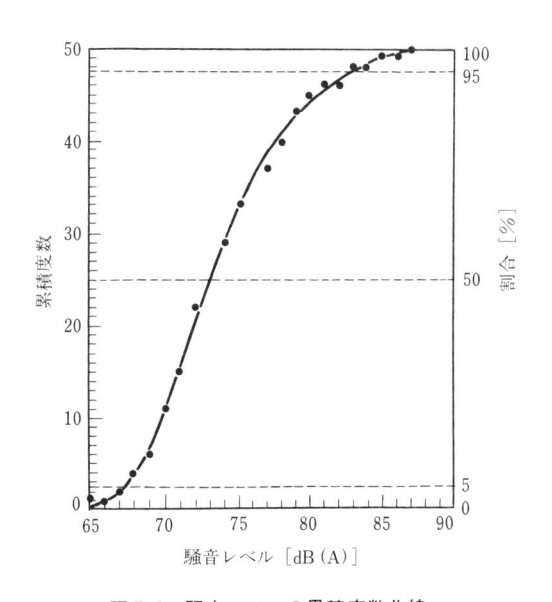

図7.8 騒音レベルの累積度数曲線

えば，74 dB(A)の現れた回数は4回であり，その下に29とあるのは，74 dB(A)以下を示した測定値の回数の合計が29回であることを意味している．この累積度数と騒音レベルとの関係を図示したのが図7.8である．図を見ると90%レンジ（割合が5%から95%の間）の上端値（割合が95%のと

ころの騒音レベル）は 83 dB(A) であり，下端値（割合が 5% のところの騒音レベル）は 67 dB(A) であることがわかる．さらに，中央値（割合が 50% のところの騒音レベル）は 73 dB(A) を示している．

このように騒音レベルの測定値が変動する場合には，1回の測定値だけで判定するのは正確でないので，多数回測定して，それらのすべての測定値の結果から判定するのである．

7.4 暗騒音が大きいときは

精度の高い騒音測定をするには無響室の中で行う場合が多い．無響室は内面に吸音材を施して反射率を低くしてあるほか，外部から音や振動が伝わらないように配慮されているので，室内における暗騒音はきわめて小さく設計されている．そのため，音響関係の実験をするには無響室は大変好都合である．

しかし，騒音測定はすべて無響室で行えるわけではない．周辺の測定条件がきびしい所もあるし，屋外の測定では遠方からの騒音や風による風切音など，対象とする音は暗騒音と共存した状態で測定しなくてはならない場合が多い．

一般に室内の騒音測定においては暗騒音の小さい測定時刻を見出すことは可能な場合もあるが，暗騒音を無くすることは不可能である．暗騒音が小さいことは対象とする騒音を測定するのに好ましいが，必ずしもすべての場合に小さくできるとは限らない．暗騒音がきわめて小さいとその影響を無視することができるが，反対に大きくなるにしたがって正確に対象音を測定することができなくなる．その場合には暗騒音の影響について補正する必要がある．

そこでどの程度の暗騒音ではその影響を無視できるか計算してみよう．2つの音のレベル差を求める式 (4.3) を参照すると，対象とする音の騒音レベルを L_d，対象とする音を停止させて暗騒音のみを測定したときの騒音レベルを L_2，対象音と暗騒音が共存する場合の騒音レベルを L_1 として式 (4.3)

表7.3 暗騒音の影響に対する補正値(単位はdB)

対象の音があるときとないときの指示値の差 [dB]	1	2	3	4	5	6	7	8	9	10	11	12
補正値 [dB]	-6.87	-4.33	-3.02	-2.20	-1.65	-1.26	-0.97	-0.75	-0.58	-0.46	-0.36	-0.28

表7.4 JISによる暗騒音の補正値(単位はdB)

対象の音があるときとないときの指示値の差	3	4	5	6	7	8	9
補正値	-3	-2	-2	-1	-1	-1	-1

を計算すれば,L_d を知ることができる.

 対象とする音がある場合と無い場合の指示値の差 (L_1-L_2) が 1〜12 dB の場合について,その補正値を計算したのが表7.3 である.対象音と暗騒音が共存するときの騒音レベルからこの補正値を差し引くと,対象とする音の騒音レベルとなる.

 JIS にも同様の補正値が示されており,表7.4 である.表7.3 を簡素化したものになっている.対象とする音があるときと無いときの指示値の差が 10 dB 以上になると,補正値は 0.5 dB 以下となり,暗騒音の影響は次第に小さくなり無視できるようになる.

 たとえば,対象音と暗騒音が共存しているときの騒音レベルが 75 dB であり,暗騒音が 68 dB とすると,補正値は表7.3 より約 -1 dB であるから,対象音の騒音レベルは 75-1=74 dB となる.

 表7.4 には指示値の差が 2 dB 以下の場合は示されていないが,2 dB 以下になると対象とする音よりも暗騒音が大きくなり,正確に対象音を求める方法としては適当でないためである.その場合には測定場所を変えるとか,対象音源を移動させるなどして,暗騒音が対象音より低いところで測定することが必要である.

7.5 周波数分析をしよう

　騒音計のA特性を用いて騒音レベルを測定したときの測定値は，騒音計が可聴周波数範囲のすべての音響エネルギーの和を求めて，それをdB（A）値に変換して表示している．この数値は騒音の大小を評価するうえで大切であるが，騒音レベルだけでは騒音の特性を知ることができないし，静音化の対策を立てることも困難である．

　そこで，まず騒音レベルが可聴周波数範囲においてどのように分布しているか，すなわち周波数分析をする必要がある．騒音レベルの大きい周波数を知ることによって，どこの共鳴周波数音なのか，あるいはどこの回転音なのかを知ることができるので静音化対策上きわめて大切である．

　音の周波数分析には主としてオクターブ分析，1/3オクターブ分析および連続周波数分析を用いる．オクターブおよび1/3オクターブ帯域についてはすでに2.4節に示した．表2.5(31頁)からわかるように1オクターブ帯域を3分割したのが1/3オクターブであるから，1/3オクターブ帯域は帯域幅が小さいので騒音レベルの変化を詳細に知ることができる．さらに，レベルが急速に大きく変化する場合や，精密な測定をしたい場合には周波数の連続分析が必要になる．連続周波数分析器を用いると騒音レベルの最大値を示す周波数を精密に知ることができるので，音の解析や実験に使用するのに好都合である．

　同一の音について上記の3種類の周波数分析を行うと，周波数帯域幅が異なるためその領域における音響エネルギーが異なり，レベル値の周波数分析はそれぞれ異なった形状を示し，同一の音とは思えないことがある．さらに，レベル値そのものも分析方法によってそれぞれ異なる数値が現れる．いま，つねに単位時間当たり同じ音響エネルギーを発生する音源があるとする．ある周波数帯域のレベルの指示値L_bは単一周波数のレベルの指示値L_sに比べて大きくなる．両者の差は次の式によって示される．

$$L_b - L_s = 10 \log_{10}(f_h - f_l) \quad [\mathrm{dB}] \tag{7.1}$$

　　$f_h=$その周波数帯域の高域しゃ断周波数

$f_l =$ その周波数帯域の低域しゃ断周波数

たとえば，いま単一周波数のレベルの指示値を 70 dB とする．この音について 1/3 オクターブ分析を行う．その中心周波数 500 Hz における L_b を計算する．f_h と f_l はさきの表 2.5 からそれぞれ 562 Hz と 447 Hz であるから，L_b は，

$$L_b = 70 + 10 \log_{10}(562 - 447) = 90.6 \quad [\text{dB}]$$

となる．

同様にオクターブ分析の場合は，中心周波数 500 Hz における f_h と f_l はそれぞれ表 2.5 より 708 Hz と 355 Hz であるから L_b は，

$$L_b = 70 + 10 \log_{10}(708 - 355) = 95.5 \quad [\text{dB}]$$

となる．

両者を比較すると，周波数帯域幅が広くなるほど音響エネルギーが大きくなるので騒音レベルは大きくなることがわかる．

すべての周波数領域にわたって音響エネルギーが均一に分布している音，すなわち，1 Hz 幅のバンドレベルの時間平均値が一定である音を白色雑音 (white noise) という．

白色雑音をバンドフィルタで分析すると，隣接するバンドの中心周波数をそれぞれ f_1 および f_2，バンドレベルをそれぞれ L_1 および L_2 とすると，両者のレベル差を示す式は，

$$L_2 - L_1 = 10 \log_{10} \frac{f_2}{f_1} \quad [\text{dB}] \tag{7.2}$$

となる．

たとえば，オクターブバンドにおいては，中心周波数が 125 Hz とその隣の帯域の中心周波数 250 Hz との間では，

$$L_2 - L_1 = 10 \log_{10} \frac{250}{125} = 3 \quad [\text{dB}]$$

となる．

その他の隣接する中心周波数 250 Hz と 500 Hz との間においても同様にレベル差は 3 dB となる．つまり，バンド周波数が高くなるにつれて 3 dB

ずつレベルが高くなることがわかる．その理由は，オクターブ分析の周波数バンドは表2.5を見るとわかるように，周波数が高くなるにしたがって次々に2倍ずつのバンド幅をもっているため，2倍ずつ音響エネルギーが増加していることになり，3.2節に説明したように音響エネルギーが2倍になると3dB増加することからも理解することができる．

1/3オクターブバンド分析器を用いて白色雑音を分析し，中心周波数が125Hzとその隣の帯域の中心周波数160Hzとの間におけるレベル差を求めると，

$$L_2 - L_1 = 10 \log_{10} \frac{160}{125} \fallingdotseq 1 \quad [\text{dB}]$$

となる．その他の隣接する中心周波数においても同様にいずれも1dBとなる．このことは1/3オクターブのバンド周波数が高くなるにつれて，白色雑音では1dBずつレベルが高くなることを示している．1/3オクターブでは125Hzと250Hzとの間に3つのバンドがあるため，それぞれ1dBずつ上昇するので合計3dBの上昇となり，さきに計算したオクターブバンドの計算値3dBと同じ数値になる．

白色雑音の周波数分析をオクターブバンドと1/3オクターブバンドについて行うと図7.9に示すようになる．周波数が上昇するにつれていずれも同じ傾斜角度で上昇している．さらに，5Hz定周波幅の場合も示してあるが，この場合は周波数バンドがすべて同じ数値であるから，式(7.1)において$(f_h - f_l)$がつねに一定となり，L_bはどの周波数バンドにおいても一定となる．したがって，図に示すようにレベルは変化しない．

次に，オクターブバンドレベルと1/3オクターブバンドレベルについて考えてみると，オクターブバンドレベルは1/3オクターブバンドレベルの隣接する3つの合成音に等しい．したがって，同一の音響エネルギーを出す音でも，周波数分析の結果ではオクターブバンド分析が高いレベル値を示すことになる．

たとえば，図7.9に示す白色雑音においては，1/3オクターブはオクターブに比べてバンド幅が1/3であるから，1つの帯域に含まれる音響エネルギ

7.5 周波数分析をしよう

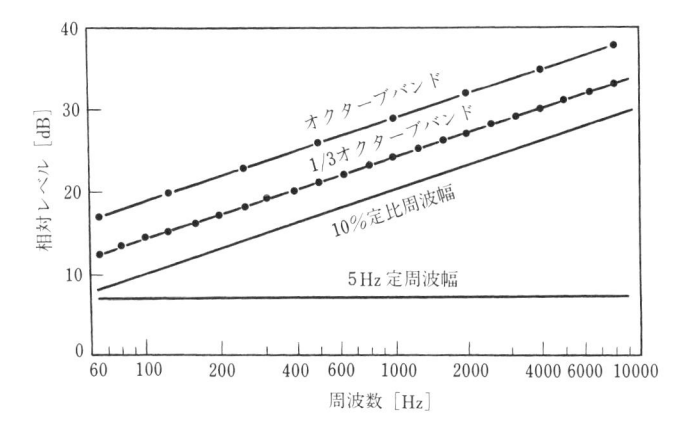

図7.9 各種周波数幅をもつ分析器によるレベルの比較

—は1/3となる．したがって，$10 \log_{10}(1/3) = -4.8$ dBとなり，4.8 dBだけ1/3オクターブがオクターブよりレベルが低くなっている．騒音の解析において周波数分析する場合には，分析方法によって同じ騒音でもレベル値は同じにならないことを十分に認識し，判断を誤らないようにすることが大切である．

図7.10は同一音をオクターブ分析と1/3オクターブ分析したものを比較したものである．図に示すようにオクターブバンド分析が高いレベル値を示していることがわかる．また，1/3オクターブ分析の方が周波数分析の変化がわかりやすいことも示している．

オクターブ分析して各バンドの音圧レベルがすべて一定の分布をしていると，周波数が高くなるにしたがって音響エネルギーが減少している音となる．これをピンクノイズ（pink noise）という．

騒音の周波数分析が得られると，全周波数にわたる騒音レベル（オーバーオール値）は，各周波数バンドにおけるレベル値の和を計算することによって求めることができる．**表7.5**はオクターブバンド分析結果から騒音レベルのオーバーオール値を求めた例である．表にあるオクターブバンドレベルは測定値であり，補正値は測定して得た音圧レベルの値から騒音レベルを求め

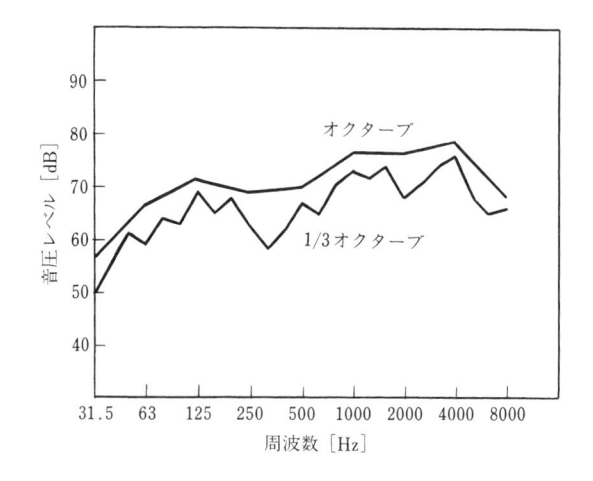

図7.10 同一音のオクターブと1/3オクターブ分析の対比

表7.5 オクターブバンドレベルから騒音レベルの求め方

オクターブ バンド 中心周波数 [Hz]	オクターブ バンド レベル [dB]	補正値 [dB]	補正後 [dB]	騒音レベル [dB(A)] オーバーオール値
31.5	85	−39	46	
63	82	−26	56	
125	70	−16	54	左の補正後のレベル値
250	78	−9	69	の総和を式(4.1)より
500	86	−3	83	計算すると，
1000	88	0	88	91 dB(A)
2000	84	+1	85	となる．
4000	77	+1	78	
8000	79	+1	80	

るための補正であり，さきの表2.9(44頁)に示すA特性の基準レスポンスを示しており，これを用いて騒音レベルに変換している．それぞれのオクターブバンドレベル値の総和を，第4章に示した式(4.1)から計算することができる．

7.6 測定したデータをどのように処理するか

音源から出る音を騒音計を用いて測定することによって，その測定点での騒音レベルを知ることができる．測定点を移動させると音源周辺の騒音レベルの分布がわかるし，音源から出る音の強さである音響出力を知ることもできる．騒音レベルを測定する大きな目的の1つは，測定値が基準を超えている場合に騒音レベルを低減することである．そのためには騒音と音源の特性を種々のデータから分析して低減に有効な方法を施すべきである．

騒音がどのような特性を持っているかはまず周波数分析することによって，どの周波数で高いレベルを出しているかがわかる．さらに，共鳴しておれば共鳴周波数を測定し，その周波数から共鳴している物体あるいは空間を推測することができ，騒音低減の対策をたてることができる．

たとえば，図7.11はある機械1台から出る騒音を周波数分析したもので，モータからの回転を歯車によって変速して最終軸の回転数を1250 rpmと160 rpmにしたときの結果である．図を見ると2 kHz以上の周波数になると，1250 rpmの方が160 rpmよりもレベルが高くなっている．また，1，2，4 kHzにおいていずれもレベルが著しく上昇し共鳴していることが推察できる．したがって，これは歯車を切り替える前の段階での共鳴であるといえる．これに反して2.5 kHzに現れる高いレベルは，1250 rpmの場合のみ

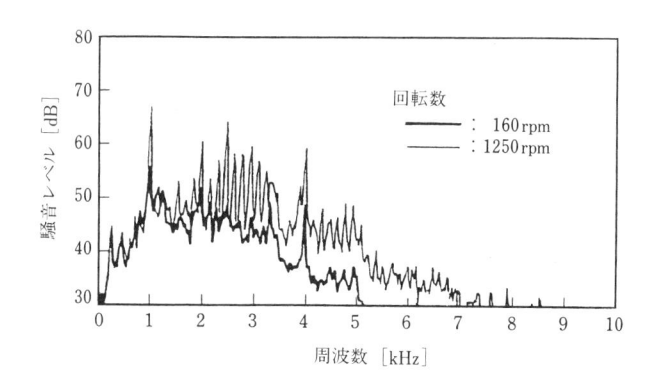

図7.11 ある機械から出る騒音の周波数分析

に観察できるため，1250 rpm へ歯車を切り替えた後の行程で現れる騒音であるため，その音源を特定するのが容易になる．

さらに，周波数分析する騒音の測定点を移動することによって，各周波数におけるレベルの変化が現れる場合が多い．もし測定点を移動してレベルが高くなると音源はその方向かまたは近い位置にあり，反対にレベルが低くなれば音源は反対方向にあることがわかり，音源の場所を特定するのに必要なデータとなる．

このように特定の周波数の倍音で現れるレベルはかなり高く，共鳴現象により発生している音であるから，その周波数値から軸のアンバランスによるものか，歯車の歯面の接触によるものか，空洞部かなど，どこの共鳴であるかを計算によって知ることもできる．共鳴を無くすることによって全体の騒音レベルをかなり下げることができる．

さらに騒音の発生要因（固体の振動か，流体の振動かなど），騒音源の位置とその特性，音の伝わる経路，指向性の有無，音の伝わる環境など，多くの情報を基にして計測した音響データを処理することによって，適切な騒音低減を施すことができる．

騒音は騒音レベルで示すようにアナログである．しかし，この騒音をディジタル化すると解析処理するのに大変便利なことが多い．処理する装置も小型化できるし，安定度も高まる．さらに，フィルタなど電子回路を使って音響の解析システムを作ることもできる．

ディジタル信号処理技術の発達により，騒音を解析するのに高速フーリエ変換器が使用されるようになり，スピーカをつないで種々の信号をだすことができるし，マイクロホンとアンプを接続して入力音の複雑な波形をフーリエ変換できるほか，2チャンネルを利用して振動と騒音の相互関係を知ることもできる．

このように，異なる2種類の信号間の相互の時間領域での関係を示す相互相関関数を求めることもできる．さらに，2種類の信号について周波数領域での関係を示すコヒーレンス関数も知ることができ，広い範囲の解析ができて便利である．

7.7 マイクロホン

マイクロホンは騒音を測定する場合の音の入り口である．マイクロホンは音が入射すると内部の薄い膜が振動し，そのエネルギーを電気エネルギーに変換する電気音響変換器である．したがって，音響信号によって膜を振動させて音を出すスピーカと逆の作用をしているのである．そのため特殊な用途としてマイクロホンを小さいスピーカとして使うこともできる．

(1) マイクロホンの種類

マイクロホンは騒音計の先端に取り付けて一体となって使用するものと，騒音計と分離してコードによって接続している場合とがある．図 7.12 は後者の場合でマイクロホンの後ろにプリアンプ（前置増幅器）を設けて，コードによって騒音計に接続する．マイクロホンの大きさの単位は以前からインチが使われており，その直径が 1, 1/2, 1/4 インチなどが多く使用されている．騒音計に使用するマイクロホンには次の3種類がある．

① クリスタルマイクロホン

クリスタルマイクロホンはジルコンチタン酸鉛の磁器を圧電素子として用

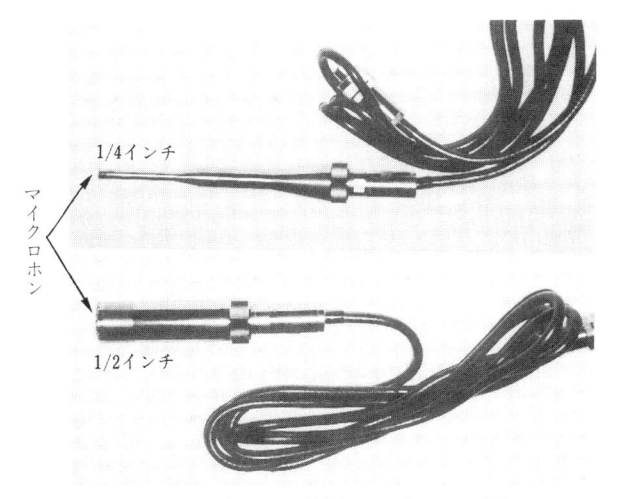

図 7.12　プリアンプ付きコンデンサマイクロホン

いる圧電形マイクロホンである．この特徴は周波数の低い領域と高い領域におけるレスポンスの変化が大きく，周波数特性は以下に示すマイクロホンの中でもっとも悪い．騒音レベルの測定値のばらつきの範囲は±1 dB 以内に納めることは困難であり，測定精度は低い．価格は安いが騒音測定にはあまり使用されていない．

② ダイナミックマイクロホン

これは動電形マイクロホンともいう．マイクロホンの内部は永久磁石によって作られた強磁場の中にコイルがあり，コイルに振動板が結ばれている．騒音が振動板に伝わると音圧変化によって振動板が振動し，コイルが移動することによって，コイルに電圧が誘起されるようになっている．このマイクロホンの特徴は温度変化による影響を受け難い利点があるが，反面，周波数特性が平坦でないため騒音の精密な測定には適していない欠点もある．

③ コンデンサマイクロホン

これは静電形マイクロホンともいう．図 7.13 に示すように，騒音を受ける薄い振動膜の後ろに背極があり，騒音によって膜が振動すると膜と背極との間の距離が変化し，電気容量が変化して電圧の変化が出力される．振動膜

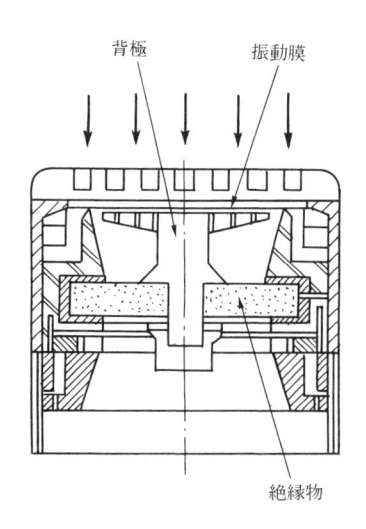

図 7.13 コンデンサマイクロホンの構造

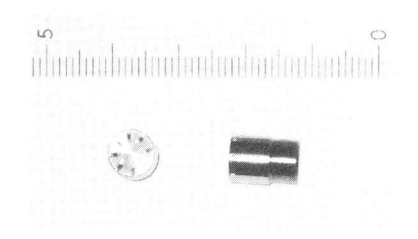

図7.14　コンデンサマイクロホン（1/4インチ）

は数マイクロメータの薄いもので，張力が作用しても延びにくく，温度が変化しても感度が変化しないように，線膨張係数も小さいチタン合金が用いられている．図7.14にプリアンプの付いたコンデンサマイクロホンの外観を示す．

図7.15にコンデンサマイクロホンの周波数特性を示す．周波数の広い範囲にわたってかなり平坦な特性を示しており，3種類のマイクロホンの中ではもっとも優れている．そのため高価であるが，精密騒音計にはこのマイクロホンが広く使用されている．

強風のある中にマイクロホンを置き対象とする音源からの騒音を測定するときに，風がマイクロホンに当たり，渦ができて擦過音が発生し，騒音レベルの測定値が大きくなることがある．その場合にはマイクロホンをウインドスクリーンで包んで使用するとよい．ウインドスクリーンはウレタンフォー

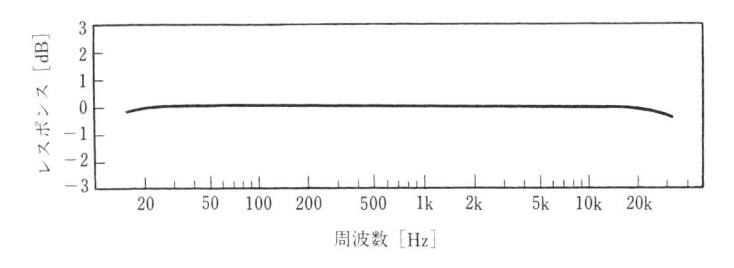

図7.15　コンデンサマイクロホンの周波数特性

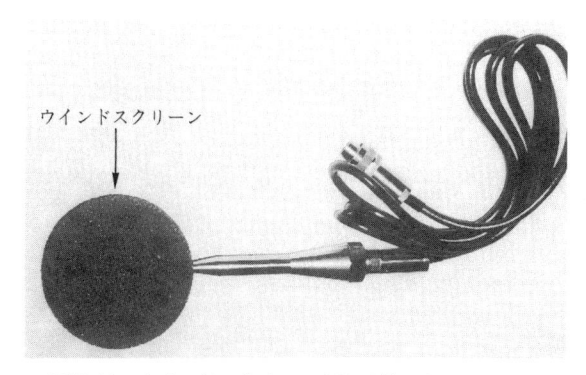

図7.16　ウインドスクリーンを取り付けたマイクロホン

ム製の球状で軟らかく連続した小さい気泡を持っており，外側から中心に向けて設けた穴にマイクロホンを入れて包むようになっている．

図7.16はプリアンプに接続したマイクロホンの先端にウインドスクリーンを取り付けたものである．ここに示すウインドスクリーンの直径は9 cm程度である．

このほか，雨中でも使用可能な全天候形防風スクリーンもある．さらに，先端を砲弾形にしてその中心軸方向の風の流れに対して乱れを生じないよう設計したノーズコーンもあり，マイクロホンに取り付けて，ダクトや小口径の管内のように一方向に空気の流れのある場所における騒音測定に使用される．

（2）マイクロホンの校正

マイクロホンを接続した騒音計が正しい数値を示すことをときどき確かめることが大切である．マイクロホンや騒音計は長期間使用すると周辺の環境の影響などで劣化することがあり，レベルの測定値の精度が低下することがある．

マイクロホンの校正においては，騒音計に接続した状態でマイクロホンに基準信号を入力し騒音計で音圧レベルを読み取る．基準信号を入力するのはピストンホーンや音響校正器を用いる．

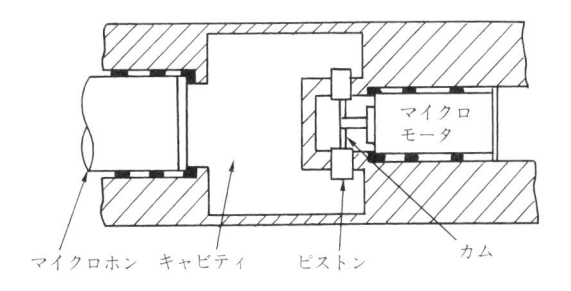

図 7.17　ピストンホーンの構造

　ピストンホーンは図 7.17 に示すようにマイクロモータが内蔵されていて，これが動くと接続したカムが回転しピストンを駆動する．ピストンは一定容積のキャビティ内へ突出し，ピストンの往復運動によってストロークに相当する容積変化が生じ，一定周波数の一定音圧が生じる．これが基準信号となる．一般に採用されているのは周波数 250 Hz，音圧レベル 114～124 dB のものが多い．したがって，騒音計の平坦特性か C 特性を用いて音圧レベルで校正する．マイクロホンは直接ピストンホーンに差込み，簡単に校正できる．電池によってマイクロモータが駆動するが，電池の電圧が少し変化しても音圧レベルにはほとんど影響がない．大気圧によって音圧レベルの指示値が変化するため，気圧計を付属して気圧が変化したときに補正するようになっている．

　とくに，複数の騒音計を用いて音圧レベルの分布や距離減衰などを測定する場合には，相対的な測定誤差が生じることがあるので，マイクロホンと測定器を含めて校正することが必要である．

第II編　静音化技術

　どのような音源から発生する騒音でも静音化するための方策は，①音源に対する対策，②騒音が人間（受音者）に伝わる途中での対策，③人間に対する対策，である．人間に対する対策は，耳栓を施すことなどであるが，これは心地よいものでないので，音源対策と，騒音が伝わる途中での対策の2つの過程において，騒音の特性をよく調べたうえで，効果的な方法を選択することが大切となる．一般に1つの方法だけでは十分な騒音レベルの低下を期待できないときが多く，複数の方法を用いる必要がある場合が多い．第II編では主としてこれらの方法について記し，物理的に音響エネルギーを減少させて騒音レベルを低くすることに主眼を置いている．

　なお，騒音は人間の心理的な側面も影響している．音源が受音者から離れると音源が見えにくくなるので，目に見えるよりは心理的に安心感を与えて，騒音に対して過敏にならない場合がある．

第8章
静音化の基本は何か

　環境問題が社会的に大きく取り上げられるようになって，家庭や職場での騒音を低減し，静かな環境のもとで生活することの大切さの認識が次第に高くなっている．そのため，生産工場や建設現場などにおいては種々の騒音対策を施し，騒音レベルを低くして好ましい作業環境への改善が進んでいる．さらに，家庭で使用する電化製品，石油・ガス暖房機器，情報機器などにおいても，新製品開発にあたり，「静音化」は1つの大切な目的であり，また販売宣伝にも利用している．さらに，発生する音が人々に不快感を与えない，快適な心地よい音への研究も求められている．

8.1 発生する騒音の性質を見極めよう

　騒音レベルを低下させる対策を立てる場合には，発生している騒音が，
① どこで発生しているか，
② 何によって発生しているか，
③ どのような特性をもっているか，
を正確に知ることが必要である．そこでこれらについて以下に説明する．
　（1）騒音がどこで発生しているか
　騒音の発生している場所を特定することは騒音対策の基本である．騒音発生源の位置が正確でないと間違った対策を立てることになるし，騒音レベルの低下を望めなくなる．

騒音の発生している場所は，人々が騒音を耳で聞くことによって簡単に知ることができる場合と，耳で聞くだけで発生源を正確に判断するのは困難な場合とがある．とくに複雑な形状の物体や大きな形状になると，その物体のどこで騒音が発生しているかを的確に知ることが大切である．このような物体では，ある特定の局部的な位置で振動によって音が発生していることがわかっても，音源は必ずしもその位置だけとは限らず，その物体に取り付けられた薄板に振動が伝わって，薄板が大きな音源になっていたり，あるいは物体全体に振動が伝わり全体が音源になっている場合もある．

とくに複数の音源が近接している場合には，全体の騒音レベルを支配している音源がどの位置にあるかを特定し，その音源に対する対策を立てることが必要である．そのためには音源周辺の騒音レベル分布を測定し，騒音レベルの高い位置から音源を見出したり，周波数分析して騒音レベルの高い周波数を知って，その音源を知ることもできるし，相関関係や音響インテンシティを求めて音源を知ることもできる．

（2） 騒音が何によって発生しているか

次に大切なことは，騒音の発生している原因を知ることである．それによって騒音を防止する対策が異なってくる．

工場など生産分野において発生している騒音の多くは，機械をはじめとする生産装置のほか，建物の壁，床，柱などの固体振動によって，その周辺の空気に疎密波が発生し騒音の原因となっている．工場内には音源となる振動源がたくさんある．1台の機械にも回転を発生させるモータ，その回転を伝える軸やベルト，軸を支える軸受，回転数を変える変速機や歯車など多くの振動源がある．これらが振動してその周辺の空気を振動させ，音圧が発生している．

建設作業においては大きな騒音が発生する場合が多い．とくに削岩機，ハンマ使用の杭打機，空気圧縮機，コンクリートブレーカ，ディーゼル発電機などは大きな振動を伴うためそれ自体が騒音を出しているのみならず，振動が地面へ伝わって家屋を振動させ騒音を出している場合もある．建設作業に伴う騒音は図8.1に示すようにかなり高い騒音レベルであることがわかる．

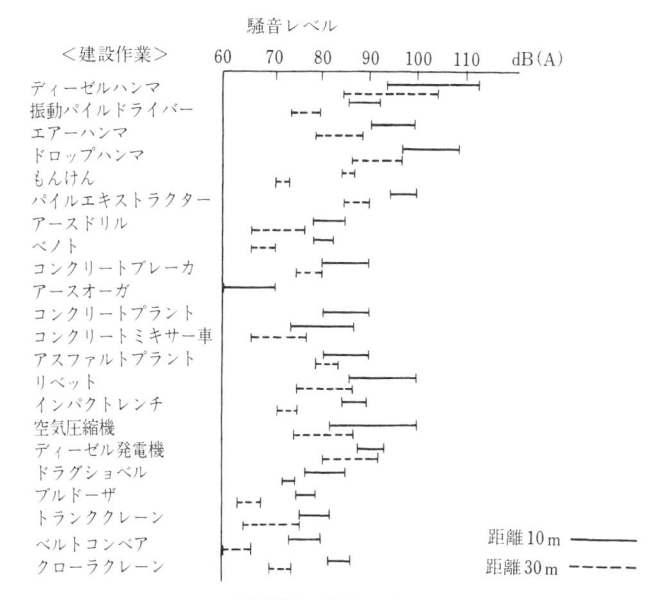

8.1 発生する騒音の性質を見極めよう **129**

図 8.1 建設機械の騒音レベル

　鉄道車両や自動車も，モータやエンジンによって回転運動を発生させ，それを車輪に伝えて本体が移動するので，振動源はモータやエンジンであるが，回転軸や軸受のほか，歯車や車輪などの回転体にも振動が伝わる．さらに，走行時にはタイヤと路面との間で振動が発生する．これらの振動は少しずつ減衰しながら車体全体に伝わり，車体のフレームや板材なども振動して騒音を発生している．

　家庭においても，モータの付いた振動源は，洗濯機，乾燥機，冷蔵庫，扇風機，空調機，ミキサー，電動ミシン，ファンヒータなど小さい振動を発生するものまで含めるとたくさん目につく．住宅地の屋内においては暗騒音がきわめて小さいので，小さい振動源でもそれから発生する音は人々にわずらわしく騒音となって感じる．家庭内における電気製品は増加する傾向にある．それらにはほとんどモータがついている．したがって，住宅の電化が進むにつれて音源は増加する．さらに，住宅内におけるパソコンやプリンタな

ど情報機器も増加し，独特の音を出している．

さらに，楽器，ステレオなどの普及と共に近隣騒音も発生している．この近隣騒音は狭い地域範囲のものであるが，幼稚園から出る子供たちの声や，深夜営業に伴う飲食店，喫茶店，バー，カラオケなどにおける音楽，空調用クーリングタワー，暖房用ボイラーなどが騒音源となっている．さらに，街頭におけるスピーカからの宣伝も大きな音源となっている．

以上の音源はいずれも固体の振動が原因で発生している．したがって，固体の振動に対する対策を考えることになるので，騒音が何によって発生しているかを正確に把握することが必要である．

騒音の発生する原因として固体の振動の次に考えられるのは，流体の振動である．流体音には気体（空気）によるものと，液体によるものとがある．一般には気体による騒音が多い．自動車の燃焼ガスが排出されるときに発生する騒音は気体音である．流体音が大きくなるのは，

① 流体の流れの速さが増大するとき，
② 流体に急激な圧力変化が生ずるとき，
③ 流れの中にキャビテーションが生ずるとき，

である．燃焼ガスが排出するとき排気管を振動させて，排気管の表面から音を出しているように，気体の流れが固体振動を誘発させる場合もある．

台風時のように強い風が樹木，電柱，煙突，家屋などに当たるとキャビテーションを発生して大きな騒音が生ずる．時には人の耳にもっとも敏感な2000～4000 Hzの周波数の音や，さらに高い周波数の音も発生するので耳障りである．

（3）騒音がどのような特性をもっているか

静音化するためには，騒音がどのような特性をもっているかを知ることが必要である．まず，騒音の周波数分析を行ってみる．その結果から，全体の騒音レベルを支配している音の周波数がいくらであるかを知ることができる．時にはその周波数が複数個である場合もあり，その複数個の周波数に倍音関係があると，その騒音の中に共鳴した音があると推察できる．周波数が明らかになると，音源がどこにあるか，どのような対策を施したら良いかを

決めることができるので,周波数は静音化の大きな要素となる.

さらに,周辺にどのような騒音レベルの分布をしているか,指向性があるのかなどを知ることも必要である.第Ⅰ編に記した音圧レベルを求める理論式は,いずれも音源から一様に音響エネルギーが放射されると考えて導いたものである.しかし,必ずしも常に一様に音響エネルギーを放射するとは限らないし,複数の音源が近接していると,周辺への音響エネルギーの全放射量は一様な分布にはならない.

以上のように騒音がどこで発生し,発生の要因と,どのような特性をもっているかを知ることが静音化するには不可欠である.

騒音公害の分野における騒音規制関係の法令では,自動車騒音,航空機騒音,工場騒音,建設作業騒音など騒音発生源による分類がなされているが,これはそれぞれの場における騒音レベルの基準値を設けたり,騒音レベルの測定方法,測定場所,測定時刻などを決めるのに都合が良いのでこの方法を用いている.

しかし,図7.2(101頁)に示すように騒音の特性によって分類すると騒音

表8.1 騒音の分類(JIS Z 8731-1983 による)

騒音の名称		内　容	表示法
定　常　騒　音		レベル変化が小さく,ほぼ一定値とみなされる騒音	騒音計の指示値の平均値
変　動　騒　音		レベルが不規則かつ連続的に,かなりの範囲にわたり変化する騒音	等価騒音レベルまたは時間率騒音レベルを求める.
間　欠　騒　音		間欠的に発生し,継続時間が数秒以上の騒音	特定の間欠騒音を対象とするときは騒音レベルの最大値を読み取る.
衝撃騒音	分離衝撃騒音	1つの事象の継続時間はきわめて短いが,個々の事象が独立に分離できる騒音	騒音の発生ごとに騒音計の速い動特性(FAST)による指示値の最大値
	準定常衝撃騒音	ほぼ一定のレベルの個々の事象がきわめて短い時間間隔で繰り返し発生する騒音	騒音計の速い動特性(FAST)による指示値の最大値

を解析するのに都合がよい．表8.1はJISによる分類で，騒音の時間的持続変化の様子によって分類している．

（a）　定常騒音

騒音レベルが時間的に変動する幅がきわめて小さい音である．騒音レベルの変動する幅の数値が決まっているわけではなく，人々が耳で聞いて騒音レベルが変動していると感じられないような音である．たとえば，滝の音，川の音，ダム放流音，ジェットエンジン音などである．

（b）　変動騒音と間欠騒音

変動騒音は騒音レベルが時間的に変動する騒音である．多くの騒音は時間的に変動するのでこれに属するが，人が感知できるくらい騒音レベルが変化し，その変化に周期性が無く，不規則な変化をするものである．この場合には1回の測定だけでは不十分で，指示値を多数回読み取り，平均値を表示する．さらに，測定回数と測定値の標準偏差も示すとよい．たとえば，車が不規則に通過している道路騒音はこれに属する．

間欠騒音も騒音レベルが時間的に変動する騒音であるが，変動に規則性があって，指示値が周期的あるいは間欠的に変動し，ある一定の時間一定のレベルを保っている騒音である．その変動ごとの指示値の最大値がおおむね一定の場合には，最大値の平均を取って表示する．

（c）　衝撃騒音

きわめて短時間に発生と消滅を繰り返しレベルの持続時間が短い音である．主として，固体の打撃や高圧の流体が瞬時に吹き出すときなどに発生する．ハンマを用いる建設現場，鍛造やプレス，せん断などを伴う塑性加工工場などで発生することが多い．

衝撃騒音（衝撃音）は発生の時間的，周期性，持続性によって単発衝撃音，分離衝撃音，準定常衝撃音に分けられている．単発衝撃音は発生に周期性が無く，時間間隔の長い衝撃音である．

これに対して，衝撃音の発生が周期的で毎分数10回以下の場合は個々の音を分離して聞くことができるし，全体の音にも注目して聞くことができるような場合を分離衝撃音と呼ぶ．建設現場や工場で多く発生している．

さらに，衝撃音の発生周期が短く，毎分 100 回以上周期的に発生するようになると個々の音を分離して聞くことができなくなり，騒音レベルの変動を感じなくなる．このような衝撃音は準定常衝撃音と呼ぶ．この衝撃音の表示も発生ごとの騒音レベルのピーク値の平均を用いている．

4 サイクルエンジンでは吸入，圧縮，爆発，排気を繰り返しているが，爆発時に発生する音は衝撃音である．しかし，1 分間に 500 回以上も発生すると衝撃音とは感じないで，むしろ定常音と感じるようになる．

8.2　固体から発生する騒音

固体が振動することによって騒音を発生している場合は多く見受けられる．振動にもさまざまな形があるが，もっとも簡単で基本的なのは，一直線状を左右あるいは上下に運動する場合で，変位 x と時間 t の間に次の関係がある．

$$x = a \sin(\omega t + \theta) \tag{8.1}$$

または，

$$x = a \cos(\omega t + \theta) \tag{8.2}$$

この両式を図示すると図 8.2(a) および (b) となる．この 2 つの図は平行移動すると同じになるので，同じ周波数をもつ振動でこれを単振動（single

(a) $x = a \sin(\omega t + \theta)$

(b) $x = a \cos(\omega t + \theta)$

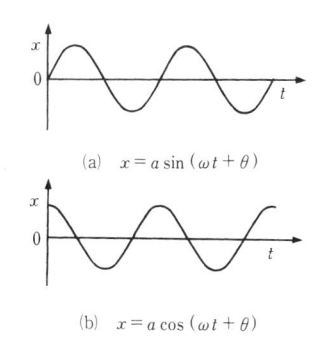

図 8.2　単振動

harmonic motion）または一次元調和振動（one-dimensional harmonic oscillation）と呼ぶ．このような回転体の単振動がそのまま空気の振動となって音が発生しているとすると，その音は単一周波数の音であるから，第1章に示したように純音である．たとえば，つる巻ばねの上端を固定し，下端に重りを取り付け，釣り合いの位置から重りを下げて手放すと重りは上下振動する．その運動は単振動である．この振動はばねの内部に作用する内部摩擦，空気の抵抗などによって次第に減衰し，長時間たつと停止する．

　このような単純な振動は比較的少なく，固体に外部から押したり引いたり周期的な力を加えると，自由に振動するときとはかなり異なった振動を始める．これは強制振動（forced oscillation）と呼ばれている．この振動は固体に外部から加える力の特性と，外力が作用しないときの固体の自由な振動の特性によって決まる．機械に発生する騒音には，このような外部から周期的な力が加わって強制振動がおこることにより発生する場合がきわめて多い．

　さらに，周期的でない一定の力が作用していても振動が発生し，それが持続する場合がある．たとえば，弦楽器のバイオリンやチェロの弦に弓を一定の力で押しつけて一定の速さで引くと弦は振動する．この場合に，弦の復元力のほかに働く力は，弦と弓の接触部に作用する摩擦力である．この摩擦力によって物体が振動し，それが次第に成長する．このように振動的でない外力が作用して発生する振動を自励振動（self-induced vibration）という．摩擦による振動は自励振動の典型であるが，摩擦は機械のように動く部分があると必ず発生し，機械に異常な振動を起こし騒音を発生させる．

　物体に外部から力を加えて振動を与えるとき，その振動の周波数を広い範囲にわたり変化させると，ある特定の周波数においてその物体の振動速度振幅が最大となり，大きな音が発生する．たとえば，回転数の大きい状態で回転している遠心分離機などでは，電源を停止させ，次第に回転数が低下してくる途中で振動が急に大きくなる現象が何度か現れてくる．このような現象を共振または共鳴（resonance）という．そのときの周波数を共振周波数または共鳴周波数（resonant frequency）という．この周波数は物体の形状，寸法，密度，外部張力，ヤング率などによって異なり，基本的な形状の物体

については理論式が示されている．

楽器は，弦，管，空気柱，膜，空洞などの共鳴をうまく利用して高音や低音を出したり，小さい外力で大きい音を出すようにしている．しかし，騒音が問題となる機械や構造物には共鳴が発生し難いように工夫したり，回転部分をもつ機械では，機械の共振周波数と同じ周波数の回転数を避けるようにして，振動が大きくなるのを防止することも必要である．さらに，機械の内部に空洞があると，空洞の寸法や形状によって決まる特定の周波数で空洞共鳴が発生し騒音が大きくなることがある．とくに，平行面によって囲まれた空洞には音源から出た音が共鳴するほか，壁で反射した音が重なり合って複雑なうなりを発生することもある．建造物の室内や工場においても共鳴現象が発生することがある．

物体を構成する基本的な形状の共振周波数の理論式を表8.2に示した．楽器はこのような基本的な形状の共鳴を利用したものが多い．バイオリンやチェロは弦の横振動であり，演奏者が弦を指で押す位置を変えると，ブリッジとの間に振動する弦の長さが変化する．指をブリッジの方へ近づけると弦の振動する部分の長さが短くなり高い音が出る．表8.2の弦の横振動の式，

$$f = \frac{n}{2l}\sqrt{\frac{T}{\rho_0}} \tag{8.3}$$

において，弦の長さ l が小さくなると共振周波数が大きくなることから高い音が出ることが式からも理解できる．

式(8.3)において $n=1$ の場合は基本周波数といい，もっとも低い共振周波数である．$n=2$ の場合を第2倍音といい，基本周波数の2倍で共振する．さらに，$n=3,4,5,\cdots$ と基本周波数の整数倍で共振周波数が無限に存在することがわかる．図8.3に弦の固有振動の形を示した．このように弦が振動したときに発生する音も第2倍音（$n=2$ のとき），第3倍音（$n=3$ のとき）……と無限に多い周波数の音となる．

ピアノは弦の振動を利用した楽器である．ピアノの鍵をたたくと内部にあるハンマが弦を打つ，弦は一端を固定し，他端はチューニングピンに巻き付けて固定している．このピンを回すことによって式(8.3)の張力 T が変化し

表8.2 共振周波数の理論式

振動系	式	記号
弦の横振動 両端固定	$\dfrac{n}{2l}\sqrt{\dfrac{T}{\rho_0}}$	ρ_0：弦の線密度 T：張力 l：長さ
棒の縦振動 両端固定	$\dfrac{n}{2l}\sqrt{\dfrac{E}{\rho_1}}$	E：ヤング率 $n:1, 2, 3, \cdots\cdots$ I：断面二次モーメント
棒の横振動(曲げ振動) 両端単純支持	$\dfrac{\pi n^2}{2l^2}\sqrt{\dfrac{EI}{\rho_1 A}}$	ρ_1：棒の密度 A：棒の断面積
両端開口，または 閉口の空気柱	$\dfrac{nc}{2l}$	c：音の速度 $n_0:1, 3, 5, \cdots\cdots$ h：厚さ
一端開口，他端閉口 の空気柱	$\dfrac{n_0 c}{4l}$	$D=\dfrac{Eh^3}{12(1-\nu^2)}$
円板 周辺固定	$\dfrac{\lambda_{ns}^2}{2\pi R^2}\sqrt{\dfrac{D}{\rho_2 h}}$	ν：ポアソン比 λ_{ns}：定数 ρ_2：板，膜の密度
円形の膜 周辺固定	$\dfrac{\lambda_{ns}}{2\pi R}\sqrt{\dfrac{T}{\rho_2}}$	R：円板，膜の半径 $m:1, 2, 3, \cdots\cdots$
長方形板 周辺支持	$\dfrac{\pi}{2}\sqrt{\dfrac{D}{\rho_2 h}\left\{\left(\dfrac{m}{a}\right)^2+\left(\dfrac{n}{b}\right)^2\right\}}$	a, b：長方形板または膜の 両辺の長さ
長方形膜 周辺固定	$\dfrac{1}{2}\sqrt{\dfrac{T}{\rho_2}\left\{\left(\dfrac{m}{a}\right)^2+\left(\dfrac{n}{b}\right)^2\right\}^{1/2}}$	

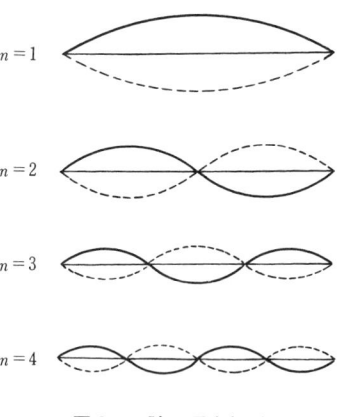

図8.3 弦の固有振動

周波数が変化する．弦の両固定端の間に駒があって弦を支えている．弦は高張力鋼（ピアノ線）であり，張力を大きくすることによって振動のエネルギーを大きくしている．弦の太さ，すなわち，線密度 ρ_0 と弦の長さ l を変えて低い周波数から高い周波数までの音を出すようにしている．低い音を出すために l を大きくしようとしても，ピアノの大きさに限度がある．そこで l の代わりに ρ_0 を大きくする．そのためにピアノ線の周りに銅線を巻いてある．さらに，弦の振動だけでは小さい音しか出ないため，駒の下に響板を置いて増幅したり，弦を1つの鍵にたいして2本または3本用いて，弦の振動エネルギーを有効に利用するなど種々の工夫をこらして，豊かな音を創り出している．

さらに，パイプオルガンはパイプに空気を吹き付けて音を発生させパイプ内の空気柱の共鳴を利用するもので，パイプの長さが短いほど高い音が出る．表8.2の空気柱の共鳴周波数の式において，l を小さくすると共鳴周波数が大きくなるから高い音が出ることがわかる．

表8.2に示すような共振周波数の理論式は，簡単な基本的形状の物体の振動に適用されるものであり，複雑な周辺条件などがある場合には，必ずしも精密な共振周波数が得られない場合がある．しかし，これらの式を用いてあらかじめ計算によって共振周波数を知っておくことは，騒音低減対策上きわめて大切である．これらの理論式は比較的簡単であるが，長方形板や長方形膜になると，二次元となるため振動の形も複雑になる．図8.4に長方形膜の振動の形を示した．これらの形の意味を説明すると，第 nm 形は y 軸に平行な $(m-1)$ 本の節線と，x 軸に平行な $(n-1)$ 本の節線によって区切られた長方形状を示し，図の白い部分と陰の部分はそれぞれ反対方向の変位をもつ振動をすることを示している．

図8.5に円形膜の振動形を示した．図において n は節直径の数を，$(s-1)$ は節円の数を示している．長方形膜と同様に図の白い部分と陰の部分ではお互いに振動の変位の方向が逆に向いていることを示している．振動している膜面上にきわめて小さい粒子の砂または粉末を撒くと，膜面の振動の振幅の小さいところに砂または粉末が集まり，縞模様を作ることによって振動の形

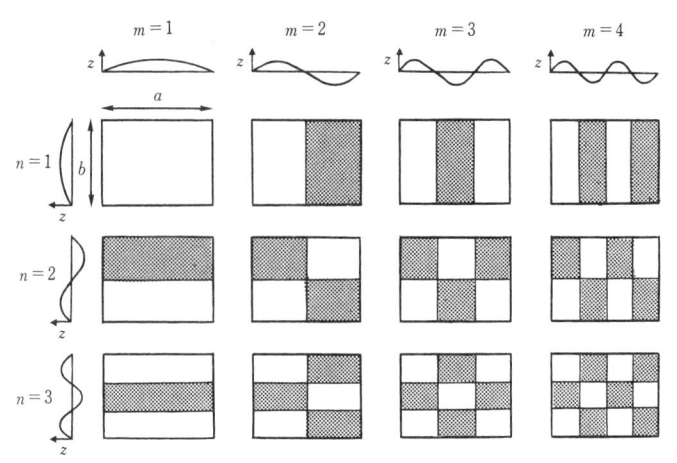

138　第8章　静音化の基本は何か

図 8.4　長方形膜の振動の形

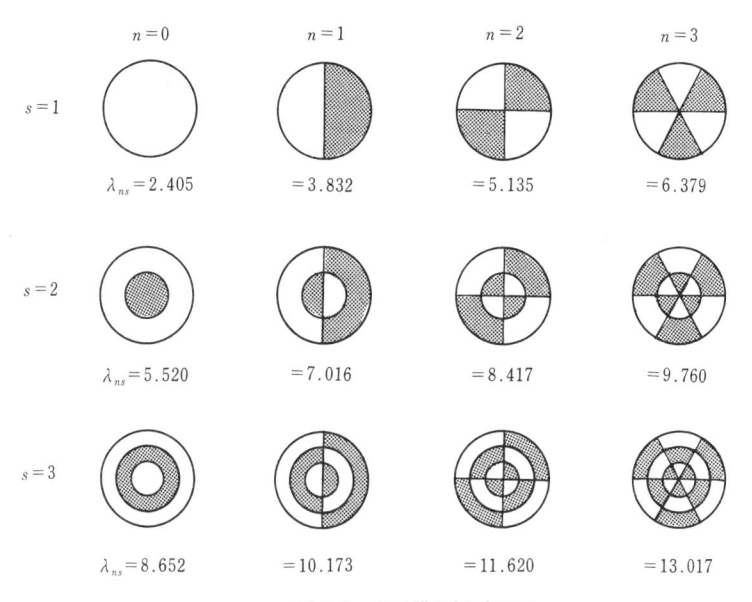

図 8.5　円形膜の振動の形

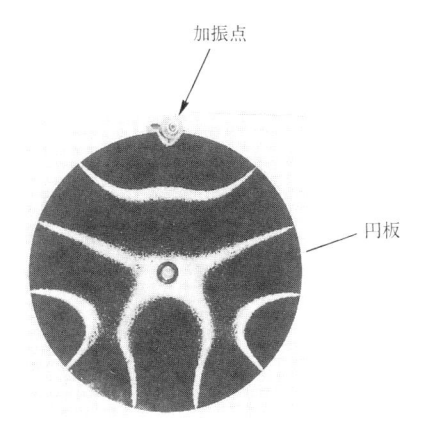

図 8.6　円板を振動させたときの振動の形の一例

を見ることができる．

図 8.6 は直径 300 mm，厚さ 2.5 mm の円板の中心を固定して，図の加振点（円板周辺の一点）を周波数 838 Hz で円板の平面に垂直な方向に加振したときの縞模様である．加振点以外の周辺は自由である．黒色の円板の表面に小さい粒子の白い砂を撒いて加振したもので，振幅の小さいところに白い砂が集まり，振動の形がよくわかる．円板の黒い部分は振幅が大きく振動の加速度レベルも大きいので，この表面に近いところの音圧レベルも大きくなっている．円板の表面近くの音圧レベル分布は円板の振動の形とよく類似している．円板を加振する周波数によって振動の形が全く変るので，音圧レベル分布も変ることに留意しておくことが大切である．

8.3　空気や水などの流体から発生する騒音

固体の振動と同様に，空気や水などの流体が振動すると音を発生する．これは流体音と呼ばれている．流体音は流体の流れの様子によって影響されるものである．空気（気体）と水（液体）は流れを連続体の変形として取り扱うと，同じものとみなして理解できるが，両者の主な違いは，密度が水は大

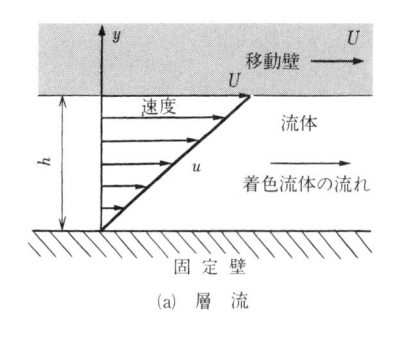

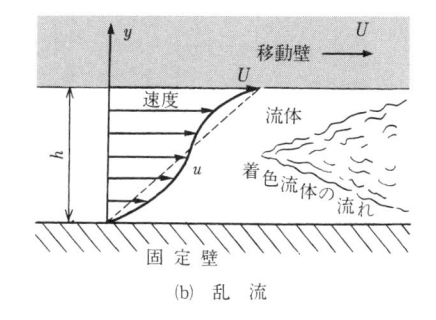

図8.7　平行な2枚の板の間の流れ

きく空気は小さいこと，また，圧力を加えて体積変化をさせようとすると水は困難であるが空気は容易なことなどである．

いま，流体の流れに2種類あることをいくつかの流れ場を例にとって説明しよう．平行な2枚の板の間に流体を満たし，図8.7に示すように，一方の板を固定し他方の板を平行に速度 U で移動すると，板の間の流体の速度 u が0から最大 U まで直線状に変化し，流体の流れはy方向に乱れること無くx方向へのみ流れる．細い注射針で着色した流体を流すと長く直線状を描き周辺の流体と混合しない．この時の流体の流れが層流である．

しかし，板の移動速度 U を大きくすると，図8.7(b)に示すように板の間の流体速度は直線状に変化しないで図に示す状態へ移ってくる．同時に流れはy方向に乱れてくる．着色した流体を流すと図のように乱れて混合してくることからもわかる．このような状態の流れが乱流である．流れが層流から乱流になると，発生する騒音は大きくなる．

流れが層流か乱流かはレイノルズ数によって判断することができる．レイノルズ数 R は，

$$R = \frac{Uh}{\nu} \tag{8.4}$$

である．ただし，

h：両方の板の間の距離

ν：流体の動粘度

8.3 空気や水などの流体から発生する騒音

板の移動速度 U を大きくして R が1500を超える付近で流れが変化し，層流から乱流へ移る．このように流れが乱流へ移るレイノルズ数を臨界レイノルズ数と呼んでいる．この臨界レイノルズ数は流体が流れる場によって変化する．

つぎに，図8.8に示すように，円管内を流体が流れる場合は流体の流量 Q を円管断面積 S で割ると管内の平均流速 $\bar{u}$ となるが，管壁では管が静止しているため流速は0で，管の中心で最大速度となる速度分布をとって流体が管内を流れる．レイノルズ数 $(R=\bar{u}d/\nu)$ が臨界値以下の場合は図8.8(a)に示すように，着色流体を小さい注射針から入れると乱れること無く直線状に長く続く．つまり，流れが軸方向を向いており，半径方向に向いていないことを示している．これは層流である．

これに反してレイノルズ数が臨界値以上になると，管内の速度分布は(b)図に示すようにほぼ平坦な形となり，着色流体を入れると次第に半径方向にも広がり乱れてくることがわかる．このことは流体が三次元的な分布をすることを示している．これは乱流である．この領域では軸方向の速度もレーザを用いて精密に測定すると一定ではなく，時間的に変動していることが明らかになっている．このような管内を水が流れる場合の臨界レイノルズ数は約2300である．乱流域では流体は渦をもち，種々の大きさの塊となって不規則に混合しあうため，速度も不規則に変動する．外部から力が作用していない状態で，流体は自励作用によって変動しており，流体の自励振動である．流体の速度が大きくなるほどレイノルズ数は大きくなり，この自励振動も大

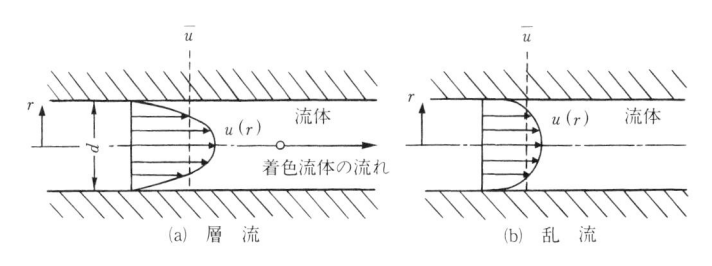

図8.8 円管内の速度分布

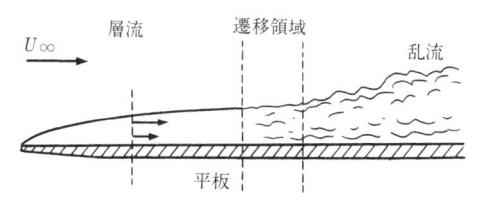

図 8.9 平板上の流れ

きくなって騒音が大きくなる．

　以上の流体はいずれも 2 枚の板の間や管内を流れるもので，壁によって流体が拘束されている．これを内部流と呼んでいる．これに対して，流体が航空機や自動車の表面を流れる場合は外部流である．図 8.9 に示すのは外部流の例で，平板上の流れである．外部流の場合もレイノルズ数が層流と乱流を判別する基準となっている．図 8.9 に示す流れの中に置いた平板の表面では流体の速さは 0 で，表面から離れると次第に大きく最大速度 U_∞ となる速度勾配ができる．この速度勾配が存在する領域が境界層であり，境界層内の流れが層流のときは層流境界層，乱流のときは乱流境界層といい，層流から乱流へ移る領域が遷移領域である．この領域は最初に発生している層流が次第に不安定となり，小さい乱れの塊が生じ，層流と混在し，下流に行くと次第に乱れが増大して乱流域へ移行する．

　境界層の場合には図 8.9 に示すように，上流部では層流境界層であり下流部では乱流境界層となる．この場合のレイノルズ数の代表長さは平板の先端からの距離である．遷移が発生するレイノルズ数は 3×10^5 である．板の表面に凹凸があって平滑でない場合には乱流が早く始まる．したがって，とくに外部流では物体の表面が平滑でないと騒音が発生しやすいことがわかる．

第9章
音源の静音化対策

　騒音を低減するためにもっとも大切なことは，音源から出る音響エネルギーを低減することである．そのために音源に対して効果のある静音化対策を実施することである．本章では固体と流体の音源の静音化対策について説明する．

9.1　固体の振動が発生しないようにしよう

　固体が振動しないようにすることは静音化上きわめて大切である．とくに回転物体は振動を伴うことが多い．アンバランスな回転体はその質量が大きいほど，回転数が大きいほど，回転中心からの距離が長くなるほど不均一な遠心力が大きくなり，振動の原因となっている．さらに，固体が移動すると摩擦が発生し摩擦力が振動を発生させている．動的な力が作用しても振動は発生するので，制止状態でない限り振動はあると考えたほうがよい．そこでこの振動をどのように絶縁するかが大切である．

　図9.1(a)は直結したポンプとモータが直接床に固定されており，流体を送る管も直接壁に固定されている様子を示したもので，この場合には，ポンプとモータの振動や流体の圧力の脈動による振動が直接床や壁に伝わり，これが音源となり建物が騒音を発生する要因になっている．そこで，(b)図に示すように防振ゴムをモータの下に敷き，質量の大きいブロックを用い，さらにその下に振動絶縁材を用い，管も建物の壁から離して，壁面にも吸音材

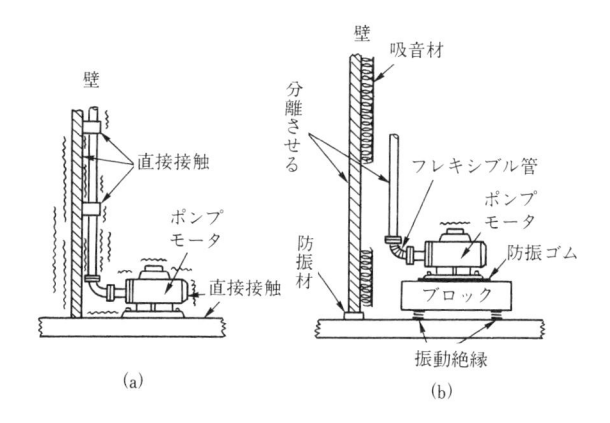

図9.1 ポンプとモータからの振動防止

を用いると騒音を小さくすることができる．

いま，質量 m の物体を直接基礎に固定する．この物体に外部から時間 t と共に $\sin \omega t$（ω は角周波数）で変動する力 $P_0 \sin \omega t$（P_0 は $t=0$ のときの力）を加えると，図9.2(a)に示すように外力 $P_0 \sin \omega t$ はそのまま基礎へ伝わる．これに対して，(b)図に示すように物体と基礎との間にばね定数 k のばねがある場合には，物体に伝わった外力はばねによって基礎へ伝わる力が弱められる．

ばねの変位を x とするとばねを通して基礎へ伝達する力は，kx となる．この力と物体を直接基礎に固定したときの伝達力との比を振動伝達率（transmissibility）という．

振動伝達率 T_r は，

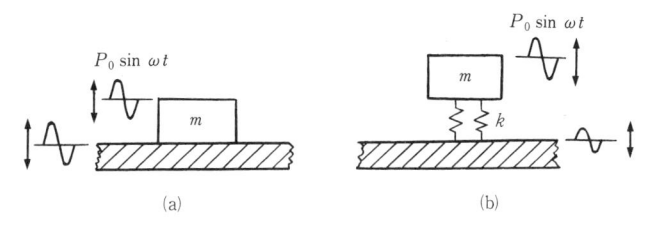

図9.2 物体の振動

9.1 固体の振動が発生しないようにしよう

$$T_r = \frac{kx}{P_0 \sin \omega t} = \frac{x_{max}}{\delta_{st}} = \frac{1}{|1-(f/f_0)^2|} \tag{9.1}$$

ここで，

f：物体に加えた外力の周波数　$f = \omega/2\pi$

δ_{st}：静的たわみ　$\delta_{st} = P_0/k$

f_0：この系の固有振動数

$$f_0 = \frac{1}{2\pi}\sqrt{\frac{k}{m}}$$

式(9.1)は T_r と f/f_0 との関係を示しており，これを図に表すと図9.3となる．この図を見るとわかるように，外部から加えた変動する力の周波数 f がこの系の固有振動数 f_0 に近づくにしたがって，振動伝達率が急速に増大している．

振動伝達率が増大することは，振動が基礎などへ伝わりやすいことを意味しており，振動絶縁上好ましくない．すなわち，外部から伝わる力の周波数

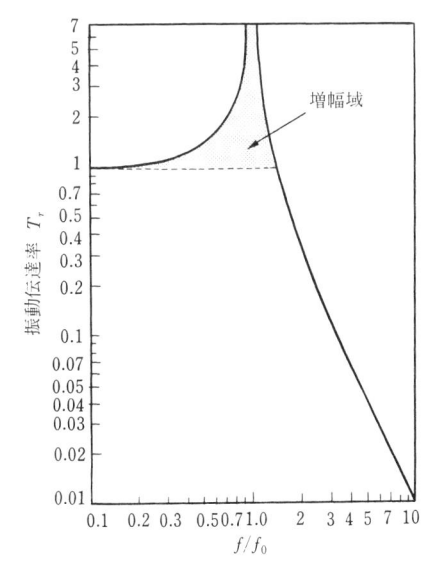

図9.3　共振曲線

とその系の固有振動数をできるだけ離しておくことが必要である．

ばね定数を0へ近づけると，固有振動数は0へ近づき，振動伝達率も0へ近づいて理想的な振動絶縁となる．しかし，ばね定数を0にすることは不可能であるから，できるだけばね定数を小さくすることである．ばね定数はばねに力が作用したときに単位変形を生ずるのに要する力であるから，ばね定数が小さいとは小さい力でばねが変形することを意味しており，柔らかいばねで支えるのがよいことになる．しかし，ばね定数をあまり小さくすると静的たわみが大きくなるので不都合が生じる．振動伝達率が小さくなると基礎へ伝わる力が小さくなるので，基礎が振動することによって発生する音のレベルも小さくなる．

振動を防止するために次の方法が用いられている．

(1) 金属ばね

防振用として使用されている金属ばねの形状を図9.4に示した．金属ばね

(a) コイルばね

(b) 重ね板ばね

(c) 重ね板ばね

(d) 皿ばね（3枚重ね）

(e) 輪ばね

(f) 竹の子ばね

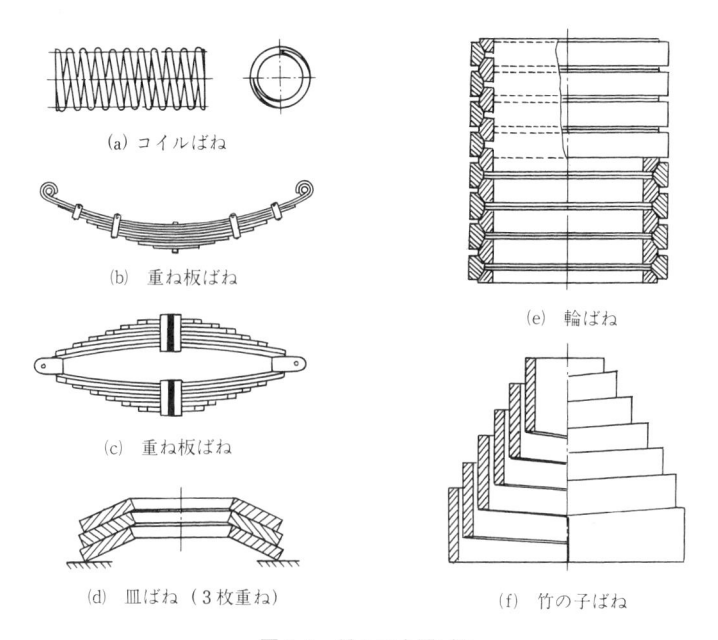

図9.4　種々の金属ばね

の主な種類と特徴は次の通りである.

　(a)　コイルばね

　一般に金属の棒をコイル状に巻いたもので，多くのばねのうちでもっとも広く用いられている．圧縮荷重，引張り荷重およびねじり荷重に耐えることができる．数本の細い素線をより合わせた素材をコイル状にしたより線コイルばねや，非線形特性を利用した不等ピッチばね，円すいコイルばね，たる形コイルばねなどもある．

　(b)　重ね板ばね

　板状のばねを重ねたもので，古くから鉄道車両，大型自動車などの懸架装置に使用されている．コイルばねに比べると，単位体積当たりに蓄えるエネルギーは小さい．すなわち，ばね材料の単位体積で吸収する振動エネルギーは小さいが，重量物の懸架機構を兼ね，構造が簡単であるため車両に使われている．

　(c)　渦巻ばね

　断面一定の帯状材料を，その中心線が1つの平面状で渦巻状に巻いたばねである．このばねは変位が大きく比較的大きなエネルギーを蓄積でき，成形が簡単な特徴がある．

　(d)　皿ばね

　中心に穴のある円板を円すい状に加工し皿形にしたばねで，小さい空間で大きな負荷容量が得られる．図9.4に示すように皿ばねを複数枚重ねて使用する場合が多い．

　(e)　輪ばね

　外周に円すい面をもつ内輪と，内周に円すい面をもつ外輪とを交互に積み重ねたもので，軸方向の上下から圧縮力が作用すると，外輪および内輪が伸びおよび縮みをおこし，円すいの接触面で摩擦が作用して振動を減衰させる．

　(f)　竹の子ばね

　長方形断面の板を円すい状に巻いたばねである．外観が竹の子に似ているところからその名がついた．このばねは占める空間体積の割に大きな振動エ

ネルギーを吸収できるし，板と板との間の摩擦も振動の減衰に利用できる長所がある．

（２） 防振ゴム

防振ゴムはゴムの弾性を利用したばねであり，次のような特徴がある．

① 防振ゴムは形状や寸法を広範囲に選択できるので，x,y,zの3軸方向の防振効果を期待でき，ばね定数を希望値に設定できる．これに反して図9.4に示す金属ばねは，通常1軸方向のみの防振効果しか期待できない．

② 防振ゴムの内部摩擦は大きいので，高い周波数の振動を吸収するのに適している．

③ 防振ゴムは多量生産に適しており，安価であり，重さも軽くて運搬に便利である．

④ 防振ゴムは金属ばねに比べると耐油性，耐熱性，耐薬品性などに欠点があり，使用する環境に適した材質を選ぶことが大切である．

防振ゴムの材料には，天然ゴム（NR），ブタジエンゴム（BR），アクリロニトリルブタジエンゴム（NBR），スチレンブタジエンゴム（SBR），クロロプレーンゴム（CR），ブチルゴム（IIR），ウレタンゴム（AU）などがある．さらに，ゴムの内部に空気やガスの小さい空洞を設けて，ゴムに圧縮性を高めたフォームラバーがある．これはきわめて柔らかいので軽い荷重に適しており，小さい振動を吸収できるほか，取り付けが容易で，熱膨張が小さい特徴をもっている．

図9.5は流体を封入した防振ゴムの例である．ゴムにより形成される中空室をオリフィスを有する仕切板で上下に2分割し，エチレングリコールなどの流体が封入されており，エンジンなどのような重量物の防振に用いられている．ゴムと流体の双方の特性を利用して防振効果を高めたものである．

（３） 空気ばね（空気ダンパ）

空気の弾性を利用した空気ばねが防振用として用いられている．これは，内部にナイロンなどの繊維で補強したゴムの膜で作られた容器内に空気を封入し，その容器の上下または周辺に作用する振動を吸収するものである．鉄

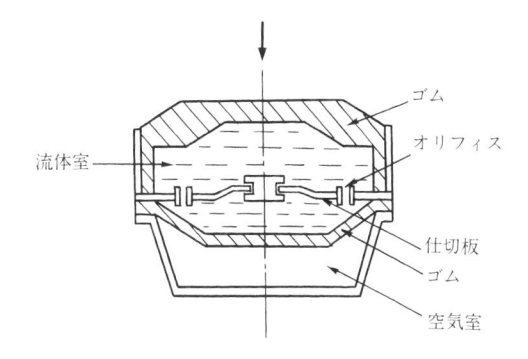

図 9.5 流体を封入した防振ゴム

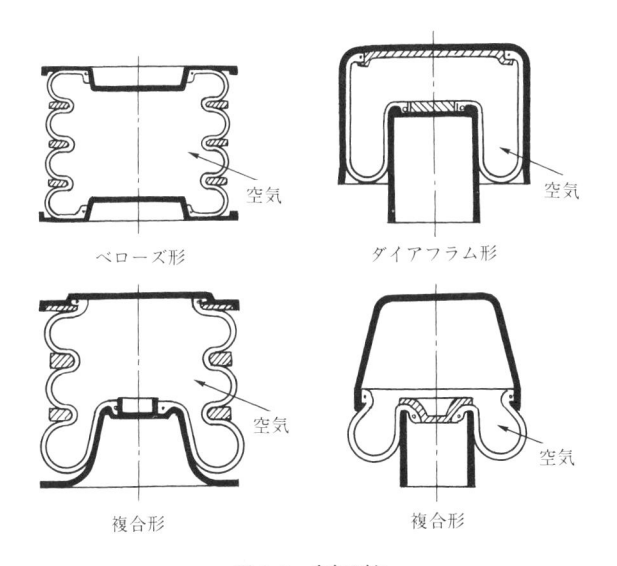

図 9.6 空気ばね

道車両，乗用車，バス，機械などの防振用として用いられている．図 9.6 は空気ばねの種類を図示したものである．主な形はベローズ形，ダイアフラム形，これらを複合した複合形である．

ベローズ形は山の数が 1～4 程度であり，上下から圧縮すると受圧面積が増加し，反対に引っ張られるとそれが減少する．山の数によって全体のばね

定数は変化するが，山の数が多くなると座屈しやすくなる．水平方向よりは上下方向の防振に適している．振動する機械の防振に多く使用されている．

ダイヤフラム形は上下から力が作用したときにゴム膜を巻き込むので，内筒および外筒の形状によって圧縮力や引張り力が作用したときに，受圧面積を変化させることができる．水平方向から力が作用しても空気の弾性を利用して支えることができるので，上下および水平方向の振動が作用する場合にも適している．

複合形は両者の特徴を生かしたもので，鉄道車両やバスに用いられている．その形状は多種であり，図9.6に示したのはその一例である．

空気ばねの特徴をまとめると次の通りである．

① 防振ゴムは固有振動数を小さくできないけれども，空気ばねははるかに小さい固有振動数（0.6〜4.0 Hz 程度）が得られる．
② ゴム容器内の空気の圧力を調節することによって，負荷能力やばね定数を変えることができる．
③ ゴム容器の膜の厚さや材質を選ぶことによって，微少振動の防振もできる．
④ 空気ばねに接続した空気の補助タンクを設けると空気の体積が増えるので柔らかいばねになり，振動の減衰も大きくできる．
⑤ 周波数の高い振動を絶縁できるので，騒音の減衰に有効である．
⑥ 同じ空気ばねで上下方向（軸方向）だけでなく，水平方向や回転方向の振動も減衰できる．

（4） フェルト

フェルトは容易に切断することができ，切断によって任意の大きさを選ぶことができ，重さも軽く，取り付けや接着剤による固定も容易で，防振材としては安価で簡単である．フェルトに作用する荷重と厚さが線形に変化するのは最初のわずかであり，それ以後は非線形となって，ばね定数が急激に大きくなるので，大きな振幅の振動の防止には効果が少ない．さらに固有振動数についてはフェルトの厚さを増しても大きな低下を期待できないし，反対に厚さを薄くしても固有振動数はあまり増加しない．フェルトの防振材とし

ての寿命は短い．

（5） コルク

コルクは板状またはブロック状に加工して使用しており，圧縮力が作用する場合にのみ有効である．引張り力やねじり力が作用するところには使用しない．使用できるばね定数の範囲が狭いので実用性が低い．しかし，価格が安く，取付けも容易であり，重さも軽く，耐熱性や耐油性もある長所を有している．

（6） 制振鋼板

制振鋼板は鋼板の振動を小さくするために，図9.7に示すように，鋼板の片面に粘弾性高分子材料であるダンピングシートを接着した非拘束形と，ダンピングシートを鋼板でサンドイッチ状に挟んだ拘束形（サンドイッチ型ともいう）とがある．制振鋼板に曲げ変形が生じると，非拘束形では粘弾性材料が伸縮変形するのに対して，拘束形ではせん断変形し，いずれも粘性減衰によって振動を減衰させるのである．一般に，拘束形が制振効果が高いし，損傷も少ないので多く用いられている．

鋼板は振動の振幅が大きく，また減衰が遅いので大きな騒音が長く続く．しかし，鋼板と粘弾性樹脂を組み合わせたサンドイッチ形制振鋼板に振動が伝わった場合には，2枚の鋼板の曲げに位相差が生じるので，その間にある粘弾性樹脂にせん断力が生じ，振動エネルギーが吸収されて熱エネルギーに変り，振動が減衰する．

用いられている樹脂の厚さは0.02～0.5mmの範囲が採用されているが，樹脂の厚さが0.1mmまでは厚くなるほど振動の減衰は大きいが，それ以上になると減衰はほぼ飽和してしまう．

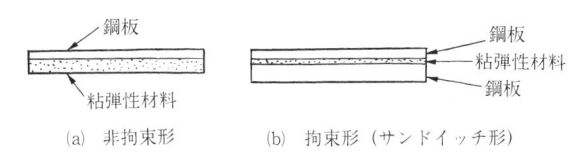

図9.7 制振鋼板
(a) 非拘束形
(b) 拘束形（サンドイッチ形）

制振鋼板の遮音特性を調べると，透過損失は単層で均質な板の場合と同様に質量が大きくなるほど大きくなる．第 12 章の式(12.2)に示すように，透過損失（10.3 節参照）は単位面積当たりの質量と周波数の積の対数に比例する．制振鋼板は共振し難いようになっているから，コインシデンス効果（12.2 節参照）が小さく，広い周波数範囲で遮音性が高い．単一層鋼板と比べてコインシデンス周波数における透過損失の低下は小さく，その差は 5〜15 dB 程度になっている．騒音源の卓越周波数がコインシデンス周波数に一致するような防音カバーが必要な場合には，普通鋼板よりも制振鋼板を用いたほうが効果が高い．

サンドイッチ形の制振鋼板は，外面が鋼板であるため耐久性は普通鋼板とほとんど変りないが，300℃以上になると樹脂が熱分解するので，高い温度で使用することができないこと，さらにコストが高いという欠点がある．

制振鋼板は普通鋼板と同様に曲げ加工などの塑性加工やせん断加工もできるが，樹脂が高い温度に耐えられないため溶接が困難である．また，塑性加工後に制振性能が変化することもあるので注意が必要である．

制振鋼板は，打撃を受けてその振動が減衰するまでの時間が普通鋼板に比べてきわめて短い．したがって，物体が衝突して振動を発生しているような板金部材や，振動を発生させて物体を搬送するような場合の板金機械部品として使用すると効果が高い．たとえば，産業機械分野ではサンドブラスタ，ショットピーニング，プラスチック粉砕機などのシュート部やカバー板，パーツフィーダ，コンプレッサ，ブロアなどの部品，建築分野では鋼製の階段，スチールドア，シャッタ，雨戸など，自動車分野ではオイルパン，フロントカバー，車体フロア，エアクリーナなど，事務機器ではプリンタ，レジスタ，複写機など，家電機器では食器洗い機，洗濯機，ファンヒータなど，鉄道分野では車両のドア，側板，ルーフ，橋梁などかなり広く使用されている．

制振鋼板の欠点の 1 つである低い使用限界温度を高めるため，合成樹脂の代わりに Al-Zn 合金のような制振性のある合金をサンドイッチ状にした高温用の制振鋼板もある．

9.1 固体の振動が発生しないようにしよう

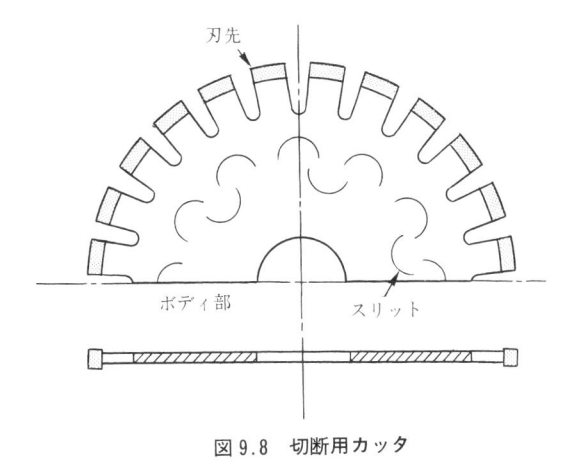

図 9.8 切断用カッタ

　図 9.8 は高速切断用カッタである．工作機械に取付けて高速度で回転し，周辺に付いた切れ刃で切削し切断する．このときカッタが振動するため，図に示すようにカッタボディにスリットを設けて，これに粘弾性樹脂を入れて振動を低減し騒音を小さくしている．さらに，カッタボディに制振鋼板を用いたものもある．

　回転において振動が発生する原因の1つは不均一な回転力が作用することである．図 9.9 は洗濯機を例に示したものであるが，(a)図はベルトで駆動

(a) ベルト駆動　　(b) ダイレクトドライブ

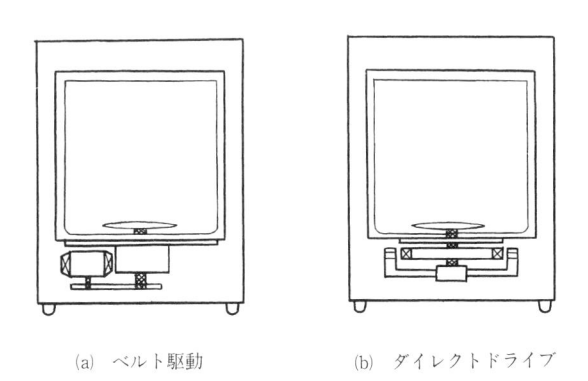

図 9.9　洗濯機の静音化

させる形式である．この形式はベルトによって羽根の回転軸が引っ張られているため回転中心に対して均一に力が作用していない．そのため，動力の損失は大きく，回転音も大きい．これに対して，図(b)はモータが直接回転軸に取り付けられているため，均一に回転力が作用し，騒音も小さい．モータから目的の軸へ回転を伝える場合には，その中間に変速機やベルトなどはなるべく設けないで，最短距離でダイレクトドライブにするのが良い．

9.2 流体に渦が発生しないようにしよう

晩秋になって木枯らしが吹き出すと，電柱や電線，また，木の幹や枝から特有の音を出して，冬の訪れを知らせてくれる．昔から短歌にもあるように，「……風の音にぞおどろかれぬる」，風の音によって季節の変化を知ったものである．

強い風によって電線や木の枝から音が発生する場合は，一部はそれらの振動によって空気粒子を振動させて音を発生させているが，しかし，多くはこれらの物体の後方に発生する渦によって，空気の粒子が振動し音を出しているのである．風の速さが増すほど渦が大きく発達してゆく．木枯らしが強くなるほど音が大きくなることは日常の生活においても経験するところである．そこで，どのような場合に渦が発生し，どうすれば渦が無くなるかを考えてみよう．

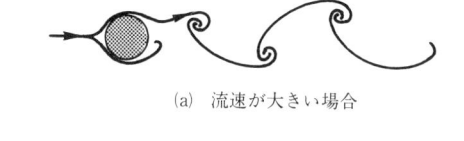

(a) 流速が大きい場合

(b) 中間の流速の場合

(c) 流速が小さい場合

図 9.10 円柱の裏側の流れ

9.2 流体に渦が発生しないようにしよう

電柱，木の幹，煙突などの円柱が強い風の中にある場合は，図9.10(a)に示すように円柱の裏側に渦層が発生し，交互に逆向きに巻き上がり，2個の渦が規則的に並ぶカルマン渦が発生する．これらの渦をよく見ると上側の渦は時計回りに，下側の渦は反時計回りである．これらの渦の大きさはレイノルズ数によって変化する．一般に，レイノルズ数が大きくなるにしたがって渦の成長は大きくなる．

風の速度と円柱の直径はレイノルズ数に比例するので，風の速度と直径を小さくすると渦を小さくすることができる．図9.10(b)は風の速度が低くなった場合であり，(c)図は風の速度がさらに低くなった場合である．このように風の速度が低くなると渦の形態に大きな変化が現れる．(b)図は同じ円柱の後方の流れが(a)図とはかなり異なっている．これは空気の流速を小さくした場合であるが，液体の場合も同様に流速を小さくすると，(b)図に示すような流れになる．しかし，粘度の高い液体になると，流速は大きくても(b)図のような流れとなる．したがって，流体の速度，流体の動粘性係数，物体（円柱）の大きさ（直径），物体の表面あらさ（凹凸），突起などが渦の発生や流れの乱れに影響を及ぼしている．

空気や水などの流体が流れている場合に，それに接する物体の表面あらさを小さくし，表面の突起を無くすことによって渦が発生し難く，また，流れの乱れを小さくすることができ，発生する騒音レベルを低くすることになる．流体の流速などの流れの条件のほかに，流体が接触する物体に対する配慮によって騒音レベルを下げることも必要である．

図9.11は平らな板の表面から流体が離れた後に渦が発生する様子を示したものである．平板から流体が離れた後に，流体の上下方向に速度差が生じ，上下に波打ちはじめ，不安定となり渦列ができる．

物体の外側の流れ（外部流）の場合に，物体の表面が流れの方向に対して

図9.11 平板の後方に発生する渦

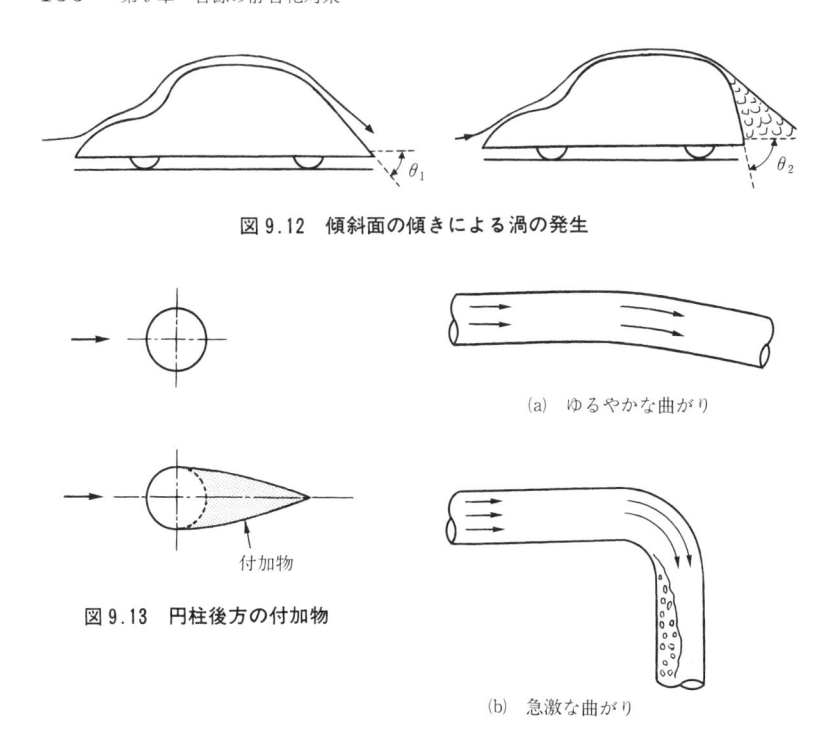

図 9.12 傾斜面の傾きによる渦の発生

(a) ゆるやかな曲がり

図 9.13 円柱後方の付加物

(b) 急激な曲がり

図 9.14 曲がり管内の流れ

なす角度が小さいと，渦は発生し難いが，角度が大きくなると渦が発生しやすい．図 9.12 に示すように表面の傾斜角度が大きい θ_2 だと渦が発生する．図 9.13 に示すように軸方向に垂直な一定方向からの流れのある円柱体では後方に渦が発生しやすいので，流れの後方の形状を航空機の翼に近づけると渦の大きさを小さくできる．しかし，煙突の周辺の空気のように時によって空気の流れが変化し，すべての方向からの流れを考慮しなくてはならない場合には，煙突の外周面の上から下へ向けて螺旋状に丸みをもった突起を設けると騒音レベルを小さくすることができる．

　物体の内側の流れ（内部流）の場合，たとえば，管内を流体が流れる場合には，管の中心軸が急激に傾斜しないように考慮することによって渦の発生を防止できる．図 9.14(a) に示すように，中心軸の傾斜角度が小さい場合

(a) 急激な拡大

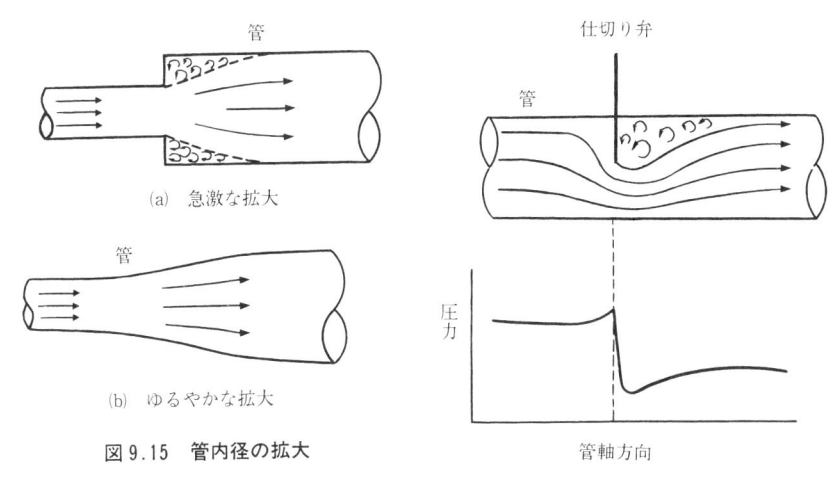

(b) ゆるやかな拡大

図 9.15　管内径の拡大

図 9.16　仕切り弁周辺の流れと圧力

に渦の発生が見られなくても，角度が大きくなると渦が発生するようになる．さらに，管の内径を変化させる場合においても，図 9.15(a) に示すように，急に変化させると渦が発生するので，(b) 図に示すように徐々に変化させて，渦の発生を防止することが流速の大きい場合にはとくに大切である．

　図 9.16 は管内に仕切り弁を設けた場合で，弁の後方に流体の渦が発生し，縮流を生じ，弁の直前で流体の圧力が上昇し，その後，急速に圧力が低下した後，次第に圧力が回復する．

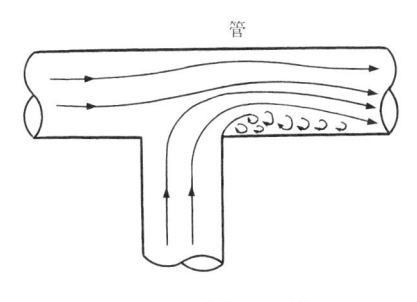

図 9.17　直角な合流管

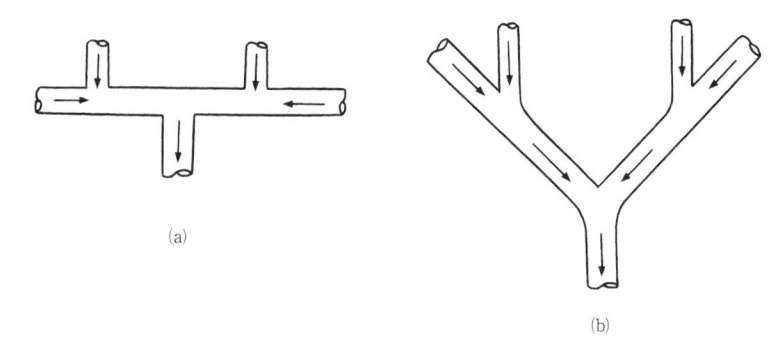

図9.18　直角な合流を避けた配管

　複数の管が合流する合流管の場合も，合流する管が主管と直角に合流すると，図9.17に示すように，主管との合流点後方に渦が発生し縮流を生じている．流速が大きいときは，このように流れがぶつかり合うような配管にすると管が振動することもある．したがって，配管においては主流間の流れの方向にできるだけ沿うような緩やかな角度をもった合流にすることが好ましい．図9.18は流れが直角にならないよう改善した例である．(a)図より(b)図のような配管にすると渦が発生し難い．

　図9.8の高速切断用カッタは高速回転すると，カッタ周辺に刃先があるため凹凸状になっていて渦が発生している．そのため風切音が大きい．そこで，切れ刃のすくい面にスリットを設け，刃先の空気流の一部がスリットへ流入し，刃形後方の後流へ自己噴射し，後流に発生する渦を少なくして風切音を小さくする工夫がされている．

9.3　流体の速度や圧力が急に変化しないようにしよう

　空気のように静止した圧縮性流体が急に圧縮や膨張すると圧力波が発生し，それが空気中を伝わってゆく．この圧力波は物体に当たると衝撃力を与える．管内を空気が流れる場合も同様である．管内のある断面に弁を取り付け，管内を一定の速度で流れる空気を弁により急に閉じると，流れの速度は

きわめて短時間で0になり，圧力波が発生し，上流へと伝わって行く．そのとき弁やその周辺の管壁に大きな衝撃的圧力を及ぼし，衝撃音を発生する．さらに，圧力が大きくなると弁や管が大きく振動したり，破損することもある．この現象は流体の運動量が急に変化するために発生するのである．

　流体の運動量が小さいと，急に流体を停止させても大きな圧力にならないが，運動量が大きいと，すなわち，流体の速度や質量が大きいと大きな圧力が発生し，騒音も大きくなる．自動車が壁に衝突する場合も，自動車の速度が大きいと壁に及ぼす圧力も大きくなって，壁は大きく破損するのと同じである．また，軽自動車よりも重い荷物を積んだトラックの方が，同じ速度で壁に衝突しても壁に及ぼす圧力は大きく，壁の破損も大きくなる現象とよく似ている．

　管を流れる水の場合には空気よりも質量が大きいので，水の運動量も大きく，大きな圧力波が発生し，弁や管壁に大きな圧力を加える．流体が水の場合にはこのような現象を水撃（waterhammer）と呼んでいる．

　管内の流体の速度を急に変化させると，圧力も急に変化するので速度と圧力はお互いに関連している．流体の圧力のみを急激に変化させても大きな音が発生する．流体の圧力や速度は徐々に変化させると騒音レベルは上昇しないので，静音化には好ましい．

第10章
音の伝わる途中での静音化対策

　騒音を低減するために音源の静音化対策に次いで大切なのは，騒音が音源から受音者に伝わる途中で静音化対策を施すことである．この章ではこの対策について説明する．

10.1　空気中を音が伝わる場合

　音源から出た音が受音者の耳に到達するまでにはある程度の距離がある．この距離を利用して次のような種々の対策を施すことができる．

（1）　距離減衰の利用

　第3章に示したように，無限に大きな音源から出る平面波でない限り，音源と受音者との距離が長くなるにしたがって，音源から出る音の伝わる面積は広くなる．とくに点音源の場合は，図3.3(51頁)に示すように，音源からの距離の比の2乗に比例して音の伝わる面積は広くなる．したがって，単位面積当たりの音響エネルギーはその逆になるので，距離が長くなるにしたがって著しく小さくなる．すなわち，距離の増加と共に騒音レベルは低下する．これが距離減衰である．

　線音源の場合は図3.6(55頁)に示すように音源からの距離の比に比例して音の伝わる面積は広くなる．したがって，点音源の場合と同様に単位面積当たりの音響エネルギーは距離が長くなるにしたがって小さくなり，距離減衰が発生する．しかし，点音源の場合に比べて距離減衰は小さい．

点音源の場合は式(3.5)から,音源の距離が2倍になると6dB減衰するが,線音源の場合は式(3.11)から,音源からの距離が2倍になると3dBの減衰となり,小さい.

無限に大きな平面状の音源の場合は図3.10(60頁)に示すように,単位面積当たりの音響エネルギーは距離によって変化しないから距離減衰は無い.このような無限に大きな平面音源は存在しないといってもよいので,通常の音源の場合は距離減衰は存在すると見なしてよい.

このように,距離減衰は静音化対策の基本であり,音源を遠くへ移し受音者との距離を長くできるのであれば,もっとも安価な静音化対策である.

（2） 密度の異なる媒質間の反射の利用

空気と物体（剛体）が接触している場合には,空気中を伝わる音が物体表面に入射してもほとんど表面で反射するだろうことは想像できる.しかし,空気と水が接触している場合には空気中の音はかなり水中へ伝わるのではないかと考えがちである.しかし,空気の固有音響抵抗は $\rho_1 c_1 = 415 \, \mathrm{Ns/m^3}$ (ρ は密度,c は音の速度),水の固有音響抵抗は $\rho_2 c_2 = 1.48 \times 10^6 \, \mathrm{Ns/m^3}$ (いずれも 20℃の場合) であり,両者の間にはかなり大きな違いがある.両者の接触面における反射率を計算[1]すると 99.88% となる.すなわち,空気中の音はほとんど水との接触面で反射してしまう.また,反対に水中で発生した音が空気との接触面に達すると,その反射率は同様に 99.88% となる.つまり,空気でも水でもいずれから到達した音も,接触面においてほとんど反射してしまう.接触している2つの物質の固有音響抵抗の差が小さくなるほど反射率は小さくなり,反対に透過率が大きくなって音は透過する.

この性質を騒音の防止に利用することができる.

（3） 空気の粘性による減衰の利用

音が空気中を伝わるときに空気の粒子を次々と励振させて広がってゆく.そのため,空気の粘性や空気の分子運動による分子吸収などによって音のエネルギーが吸収されて熱に変り,次第に音は減衰してゆく.

いま,平面波が空気中を伝わるとき,ある基準点の音圧を p_0,その点から音が伝わる方向に距離 x だけ離れた点までに音の吸収があり,その点の

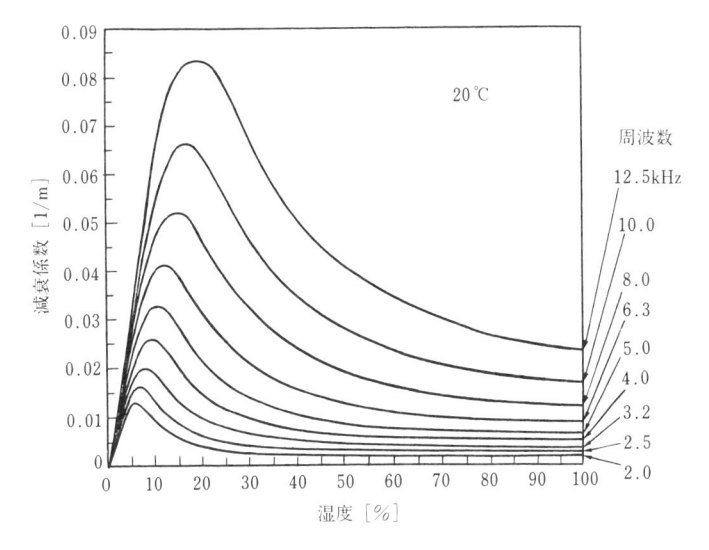

図 10.1 空気の減衰係数[2]

音圧を p とすると，

$$p = p_0 e^{-mx} \tag{10.1}$$

となる．m は減衰係数という．

　減衰係数は空気の湿度，温度および音の周波数によって変化する．図 10.1 は，空気温度 20℃ のとき，種々の周波数において湿度が減衰係数に及ぼす影響を示した[2]．湿度が低いある領域で減衰係数は最大値を示しており，また，周波数が高くなるにしたがって減衰係数が大きくなっており，高い周波数の音が減衰し易いことを示している．

　さらに，各オクターブバンド周波数域における空気の吸収による 100 m 当たりの音の減衰量を表 10.1 に示した．空気のみによる音の減衰量を大きく期待することはできないことがわかる．とくに低い周波数領域における音の減衰量が非常に小さいこともこの表からわかる．しかし，空気中に霧や水滴があると音波が散乱するほか，蒸発や凝縮によって起こる音の吸収もあり，減衰が大きくなる．

表 10.1 空気の吸収による音の減衰

オクターブバンド周波数 [Hz]	75〜150	150〜300	300〜600	600〜1200	1200〜2400	2400〜4800	4800〜10000
減衰量 [dB/100m]	0.05	0.11	0.23	0.50	1.0	2.0	4.0

（4） 樹木，草，地表面による減衰の利用

　樹木の多い森や林の中を音が伝わるとき，樹木によって音は吸収，反射され減衰する．樹木は同一種類の樹木でも一様性がないので，樹木による音の減衰を数式化することは困難であり，種々の測定結果が発表されている[3),4)]．これらの結果によると，1本の樹木や並木の程度ではほとんど減衰の効果は無く，減衰の効果が認められるのは樹木の奥行が30m以上で，かつ視線が十分にさえぎられる程度に樹木が密集していることが必要とされている．さらに，樹木の種類や枝葉の繁り程度によっても異なり，落葉樹より常緑樹の方が減衰が大きく，枝葉が大きく繁っている方が減衰が大きいことも明らかになっている．

　図10.2に，松，えぞ松，ヒマラヤ杉，落葉樹の4種類の樹木が密集した

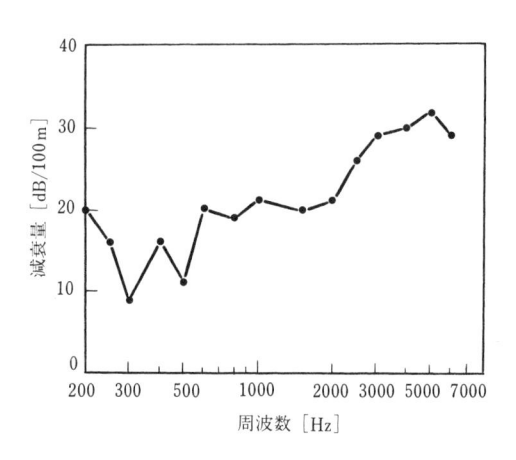

図 10.2 樹木による音の減衰[3)]

場合，音の減衰量の平均値に及ぼす周波数の影響を示した．この減衰量の平均値には大気による吸収も含まれている．表 10.1 は大気のみによる音の減衰量であるから，これと比較すると樹木のみによる効果がわかる．樹木による音の減衰も周波数の高い音に対して効果が大きく，周波数の低い音は減衰し難いことがわかる．

長い草の中を音が伝わるときの音の減衰量は，大気による減衰量も含めて，100 m 当たり約 9 dB 程度であるから，樹木による減衰量よりかなり小さいことがわかる．

音が地表面に沿って伝わると，地面によって音のエネルギーが吸収される．音の減衰は地表面がコンクリートか土か石ころかによって，また地面の凹凸の程度によっても異なり，きわめて複雑である．地面による音の減衰を研究した論文[5),6)]の中から Hayhurst の結果[5)]を紹介する．コンクリート地面で無風状態の場合 1000 ft（約 305 m）当たり，300〜600 Hz バンド周波数で約 7〜8 dB，2400〜4800 Hz バンド周波数では約 20〜22 dB も音が減衰している．周波数が高くなるほど，減衰量も大きくなっている．

（5）音の屈折の利用

音が伝わる空気中で風速の大小や気温の高低があると音は屈折する．受音点を避けるように音を屈折させることによって，受音点での音圧レベルを低くする方法である．しかし，一般にこの方法によって大きな音の減衰を期待することは困難である．

（6）指向性の利用

多くの音源はあらゆる方向に一様に音を出さないで，ある方向に強い音のエネルギーを出す指向性をもっている場合が多い．また，個々の音源は無指向性でも音源が複数になると，その音場には指向性が現れて，方向によって騒音レベルが高くなる．このような指向性の現れる方向を受音者と反対方向にすることによって，騒音レベルを低下できる．

（7）吸音材による音のエネルギー吸収の利用

音源から出た音が受音者に到達するまでに吸音材を用いて音のエネルギーを熱に変換し，減衰させる方法は広く用いられている．吸音材にはかなり大

きな吸音効果があるものと，小さい効果しか現れないものとがある．吸音材の材質によっては吸音効果の大きく現れる周波数領域があるため，問題となっている騒音の特性をよく調べて，適切な吸音材を選択することが大切である．吸音材の詳細は第11章に述べる．

（8） 塀や建物によるしゃ音の利用

音源から受音者へ音が伝わる途中に塀や建物を設けることによって音の回折を利用し，受音者へ到達する音のエネルギーを小さくすることができる．詳細は第12章に述べる．

10.2 液体中を音が伝わる場合

騒音が問題となるのは空気中に音源があって，その音源の音響出力が大きい場合である．液体中に大きな音響出力の音源があって高いレベルの音を出していても，空気と液体との固有音響抵抗の差が大きいために，音はその接触面においてほとんど反射してしまって，空気中へ出てこないため大気中にいる人々にわずらわしく感じさせるような大きな騒音レベルとはならない．

液体と空気ではそれぞれの中を伝わる音の特性には大きな違いがある．まず，空気中を伝わる音の速度は20℃の場合343 m/sである．その他の気体も大体よく似ていて，水素を除くとほとんど1000 m/s以下である．これに対して，液体中を伝わる音の速度は，水中で約1500 m/sであり，他の液体においても1000 m/s以上であり，気体よりもかなり速い速度である．さらに，空気の密度は1.2 kg/m^{3}であるが，水の密度は1.0×10^3 kg/m^{3}であり，空気よりかなり大きいことがわかる．一般に，どの液体の密度も空気の密度よりはかなり大きい．

液体と気体では音の速度と密度にいずれも大きな違いがあるので，液体と気体の固有音響抵抗には大きな差が生じている．水の固有音響抵抗は1.5×10^6 Ns/m^{3}であるが，空気の固有音響抵抗は413 Ns/m^{3}であり，両者の桁数に大きな違いがある．したがって，水面が波打つと音は水面で散乱するので，海のように海面が静止していない場合には海面は散乱体となる．

10.3 音源が室内にある場合と外にある場合

　部屋の外のきわめて広い空間に音源があり，音をしゃ蔽する物体がないと，音は遠くへ伝わりながら次第に減衰するので，騒音レベルの分布を考えるときは比較的簡単である．しかし，室内に音源がある場合には，室内は一般に限られた寸法の空間であるため，音源から出た音は天井，壁，床などで反射し，さらに何度も反射を繰り返して次第に室内の音圧が一様になる．すなわち，拡散音場へ近づいてゆく．しかし，部屋が広くて天井，壁などの反射面に吸音率の高い吸音材が使われていると拡散音場にはなり難い．

　室内の音源から受音点に直接伝わった音と，壁などで反射して伝わった音では音の伝わる距離が異なるため，時間的に距離があり，2つあるいはそれ以上に聞こえる現象が発生することがある．これが反響（echo）である．反響が人々に認識されるのは直接音と反射音との到達時間差が 1/20 秒以上の場合である．これより時間差が小さいと反響と感じないで残響と感じる．

　反響は室内音響状態を悪くする要素の1つであり，反響が生じないようにしなくてはならない．そのためには直接音と反射音との通路差が約 17 m 以上相異しないようにすると反響が生じない．さらに，天井や壁の吸音率を高めて音の反射を小さくすることである．

　室内に平行な硬い壁面や，平行な反射物体がある場合には，音源から出た音が平行な面の間で反射し，何度も往復し，それらが干渉し合って特異な音に聞こえることがある．さらに，共鳴周波数の音の残響時間がきわめて長くなる．これをフラッタエコー（flutter echo）という．日本では日光東照宮の本地堂において拍手をすると，その音が天井に描いた竜が鳴くように聞こえるところから鳴き竜現象と呼ばれている．外国においてもこれに類する現象が各地で見られる．ロンドンの St. Paul 寺院の大ドームの回廊の上面が大きな凹面になっていて，回廊にいる人々のささやき声が凹凸面に沿って何度も反射し，明瞭に遠くまで聞こえるので，ささやきの回廊（whispering gallery）と呼ばれて有名である．硬い壁面を平行に対面させることは室内音には好ましくない．

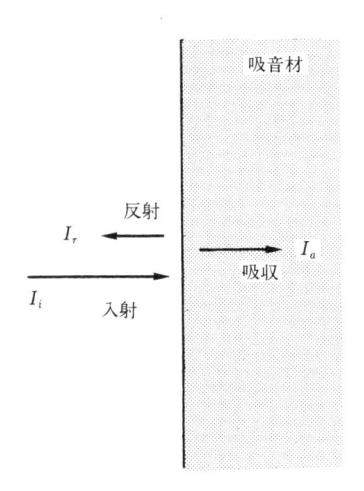

図10.3 吸音材表面の音

そこで，壁面に吸音材を取り付けて吸音し反射を防止する．吸音材に音のエネルギーが吸収される割合を示すのが吸音率（absorption coefficient）である．図10.3に示すように吸音材の表面に入射した音は一部が反射し，残りが吸収される．このとき，吸音率 $α$ は次の式となる．

$$α=\frac{I_a}{I_i}=\frac{I_i-I_r}{I_i}=1-\frac{I_r}{I_i} \tag{10.2}$$

ここで，I_i：吸音材へ入射する音の強さ［W/m²］
I_r：吸音材表面で反射する音の強さ［W/m²］
I_a：吸音材へ吸収される音の強さ［W/m²］

吸音材の吸音効果を表す量として吸音力（absorption power）がある．吸音材の吸音率 $α$ とし，騒音に接する面積 S［m²］とすると，吸音力 A は次の式となる．

$$A=αS \ [\text{m}^2] \tag{10.3}$$

いま，$α=0.3$，$S=100\,\text{m}^2$ の場合には，30 メートルセイビンの吸音力と呼ぶ．

室内の天井に用いる材料と壁や床に用いる材料とは同じでない．異なる吸

音率をもつ材料が室内には複数用いられている場合が多い．この場合には，それぞれの材料の吸音率と面積の積から求めた個々の吸音力の和が室全体の吸音力となる．すなわち，

$$A = a_1 S_1 + a_2 S_2 + a_3 S_3 + \cdots + a_n S_n = \sum_n a_n S_n \ [\mathrm{m}^2] \tag{10.4}$$

室内に座席，絨毯，人の衣服などがあると，これらによる吸音力を式(10.4)に加えることによって，室内全体の吸音力とすることが必要である．

室内面の平均吸音率 $\bar{a}$ は全表面積 S とすると，

$$S = S_1 + S_2 + S_3 + \cdots + S_n \quad \text{より，}$$

$$\bar{a} = \frac{a_1 S_1 + a_2 S_2 + a_3 S_3 + \cdots + a_n S_n}{S} \tag{10.5}$$

個々の材料の吸音率が不明の場合には，その室の残響時間を測定して吸音力を求めることもできる．残響時間（reverberation time）とは室内の音場が定常状態（音圧レベルが時間と共に変化しないで一定になる状態）に達した後に，音源からの音を停止させ，音圧レベルが 60 dB 低下するまでの時間を秒で示したものである．

室の残響時間を求めるためには昔から多くの人々が研究をしてきている．その中から主なもので，しばしば用いられているのに次のものがある．

（1）セイビンの残響式

室内の残響について，W. C. Sabine は多くの条件のもとで実験を行った結果，室の残響時間 T [sec] は室の容積 V [m³] が大きいほど長く，吸音材や室内の物体が多いほど短くなることを明らかにし，次の式を導いた．

$$T = K \frac{V}{A} \ [\mathrm{sec}] \tag{10.6}$$

K は比例定数で $K = 0.16$ である．これをセイビンの残響式と呼んでいる．したがって，吸音力 A は，

$$A = \bar{a} S = \frac{0.16 V}{T} \ [\mathrm{m}^2] \tag{10.7}$$

この式を用いて残響時間 T を測定し，室の吸音力を求めることもできる．

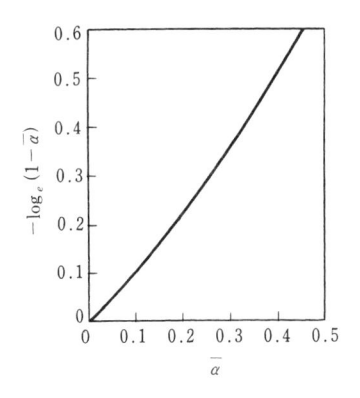

図 10.4　$\bar{a}$ と $-\log_e(1-\bar{a})$ との関係

（2） アイリングの残響式

セイビンの残響式(10.6)を用いて計算した値は，吸音力の小さい，すなわち残響時間の長い室では実験値とよく一致する．しかし，反対に吸音力の大きい，残響時間の短い部屋では計算値が実験値より大きくなる欠点がある．$\bar{a}$ が 1 に近づくと完全吸音の室に近づくので T は 0 に近づくことになる．しかし，$A=\bar{a}S=S$ となり，T はある値を示すことになり矛盾を生じる．そこで，C. F. Eyring はこの欠点を無くした次の式を導いた．

$$T = \frac{0.16 V}{-S \log_e(1-\bar{a})} \tag{10.8}$$

これをアイリングの残響式と呼んでいる．ここで，

$$-\log_e(1-\bar{a}) = \bar{a} + \frac{\bar{a}^2}{2} + \frac{\bar{a}^3}{3} + \cdots \tag{10.9}$$

である．$\bar{a}$ と $-\log_e(1-\bar{a})$ との関係を図 10.4 に示した．$\bar{a} \ll 1$ の場合には式(10.9)の $\bar{a}^2/2$ 以上の項が省略できるので，

$$-S \log_e(1-\bar{a}) \fallingdotseq \bar{a}S = A \tag{10.10}$$

となる．

（3） アイリング・ヌードセンの残響式

室内を音が伝わる場合に，空気によって音響エネルギーが吸収され減衰す

るので，空気による吸収を考慮した残響式が，Eyring と Knudsen によって次のように導かれた．

$$T = \frac{0.16 V}{-S \log_e(1-\bar{a}) + 4mV} \tag{10.11}$$

この式中の m は空気の吸収による減衰係数で，図 10.1 から求めることができる．この式をアイリング・ヌードセンの残響式という．

残響時間を計算で求める式としては以上の 3 種類があるが，多く用いられているのはセイビンの式とアイリングの式である．一般の工場内や部屋では平均吸音率は小さいので，セイビンの式が簡単でよく使われている．これらの残響式が適用される音場は厳密には次の 2 つの条件を満たしていることが必要である．

① 音響エネルギーが室内のあらゆる所で一様に分布している．
② 音響エネルギーの移動が室内のあらゆる所において，すべての方向に等しい確率で発生すること．

音源から出た音が室内で多数回反射を繰り返しながら伝わる場合には，1 回の反射から次の反射までの音の進行距離を平均したものを平均自由行程 (mean free path) または平均自由路程という．室の体積を V，室の内表面積を S とすると，平均自由行程 l は次の式となる．

$$l = \frac{4V}{S} \tag{10.12}$$

室の体積が同じでも内表面積が大きくなると平均自由行程は小さくなり，音は早く減衰する．

室内に 1 つの点音源があり，その点音源から出た音によって室内に音圧レベルが発生する．この音圧レベルを求めるには，音源から出る直接音のほかに壁，天井，床などで反射してくるすべての音を加え合わせるとよい．しかし，多くの通路を通って何度も反射する音をすべて加え合わせることは困難である．そのため，計算によって音圧レベルを求めるには次の方法がよく使われる．反射音は 1 回の反射以後はすべて一様であると考え，反射音と音源からの距離の関数である直接音との和を求める方法である．

室の全内表面積 S [m^2], 平均吸音率 $\bar{a}$ とすると,

$$R = \frac{\bar{a}S}{1-\bar{a}} \ [\text{m}^2] \tag{10.13}$$

この R を室定数 (room constant) という. $a \ll 1$ の場合には $R \fallingdotseq \bar{a}S = A$ となり, 室定数は吸音力を示していることがわかる.

室内の音源のパワーレベル L_W が既知の場合には, 音源からの距離 r の位置における音圧レベル L_p は次の式となる[7]).

$$L_p = L_W + 10\log_{10}\left(\frac{Q}{4\pi r^2} + \frac{4}{R}\right) \ [\text{dB}] \tag{10.14}$$

ここで, Q は音源の方向係数で, 音源の位置によって次のように変化する.

自由空間の場合	$Q=1$
半自由空間の場合	$Q=2$
1/4 自由空間の場合	$Q=4$
1/8 自由空間の場合	$Q=8$

$Q=1$ の場合について, 種々の R に対する式(10.14)右辺の第2項, $10\log_{10}\left(\frac{1}{4\pi r^2} + \frac{4}{R}\right)$ と r との関係を示したのが図 10.5 である. さらに, $Q=4$

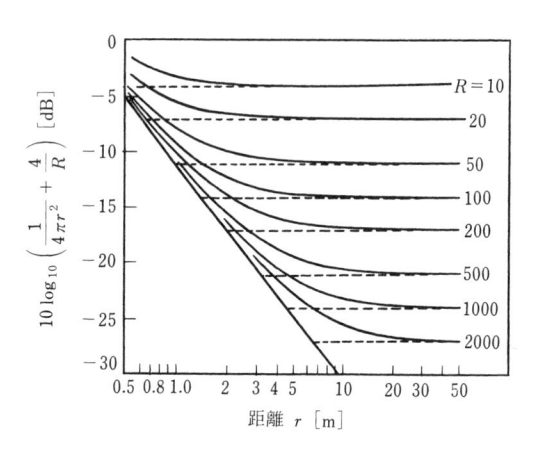

図 10.5 距離 r と $10\log_{10}\left(\frac{1}{4\pi r^2} + \frac{4}{R}\right)$ との関係(自由空間)

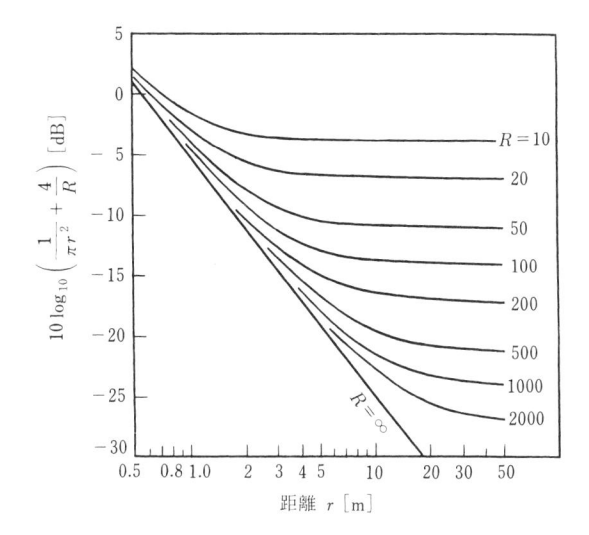

図 10.6 距離 r と $10\log_{10}\left(\dfrac{1}{\pi r^2}+\dfrac{4}{R}\right)$ との関係（1/4 自由空間）

の 1/4 自由空間の場合についても，同様の関係を図 10.6 に示した．

両図を見るとわかるように，r によって指数的な変化を示す右下がりの直線と，r が増加しても変化しない水平な直線群で構成されている．前者は音源からの直接音によるもので，音源が点音源であるため音源からの距離が 2 倍になると 6 dB 減衰し，点音源の距離減衰の式を示している．後者は距離によって変化しない一様な音の拡散を示している．

たとえば，$L_W=100$ dB，$R=500$ m^2 の室内において，音源からの距離 $r=6$ m における音圧レベルは，図 10.5 を用いると，式 (10.14) の右辺第 2 項は約 -20 dB となり，$L_p=100-20=80$ dB となる．

室内に点音源が存在し，音源からの距離 r [m] 離れた点の直接音による音圧レベルは，式 (3.2) または式 (3.6) から求めることができる．

次に，音源から十分離れた位置では，音響エネルギーは一様に分布するようになり，均一な音場となる．その時の音圧レベルは式 (10.14) において r

がきわめて大きいので，$\dfrac{Q}{4\pi r^2} \approx 0$ となり，次の式となる．

$$L_p = L_W - 10 \log_{10} R + 6 \tag{10.15}$$

音源からの距離が長くなると，図 10.5 および図 10.6 を見てもわかるように，曲線が次第に平らになり，一定値を示すようになって，式(10.15)だけを考えればよい．

たとえば，$L_W = 100\,\text{dB}$ の点音源が $R = 500\,\text{m}^2$ の室内にあるとしよう．音源から 30 m 離れたところの音圧レベルを求めてみよう．式(10.15)から，

$$L_p = 100 - 10 \log_{10} 500 + 6 = 79\,\text{dB}$$

となる．また，図 10.5 から $-21\,\text{dB}$ となり，音圧レベルは $100 - 21 = 79\,\text{dB}$ となって，同じ数値になることがわかる．

同じ音源をもつ室の室定数が R_1 から R_2 へ変化するときの音圧レベルの変化は，

$$L_{p_1} - L_{p_2} = 10 \log_{10} R_2 - 10 \log_{10} R_1 = 10 \log_{10} \dfrac{R_2}{R_1}$$

$$= 10 \log_{10} \dfrac{\bar{a}_2 S}{1 - \bar{a}_2} \cdot \dfrac{1 - \bar{a}_1}{\bar{a}_1 S} \tag{10.16}$$

$\bar{a}_1 \ll 1$，$\bar{a}_2 \ll 1$ の場合は，

$$L_{p_1} - L_{p_2} = 10 \log_{10} \dfrac{\bar{a}_2 S}{\bar{a}_1 S} = 10 \log_{10} \dfrac{A_2}{A_1} = 10 \log_{10} \dfrac{\bar{a}_2}{\bar{a}_1} \tag{10.17}$$

となる．たとえば，$\bar{a}_2/\bar{a}_1 = 2$ では 3 dB，$\bar{a}_2/\bar{a}_1 = 5$ では 7 dB の減衰となる．式(10.17)を計算し表にすると，**表 10.2** となる．

室外に音源があって室内に受音者がいるとき，あるいはその反対に室内に音源があって室外に受音者がいるときには，壁面に入射した音がどの程度しゃ断されるかを知ることは大切である．そのしゃ断される効果を示すのが透過損失 TL（transmission loss）であり，次の式となる．

$$TL = 10 \log_{10} \dfrac{1}{\tau}\ [\text{dB}] \tag{10.18}$$

ただし，τ は透過率（transmission coefficient）であり，

$$\tau = \dfrac{I_i - I_r}{I_i} \tag{10.19}$$

表 10.2 減音量に及ぼす吸音力比の影響

減音量 [dB]	吸音力比 A_2/A_1
0	1
1	
2	2
3	
4	
5	3
6	4
7	5
8	6
9	7
10	8, 9, 10
11	
12	15
13	20
14	25
15	30

表 10.3 透過損失 TL と透過率 τ との関係

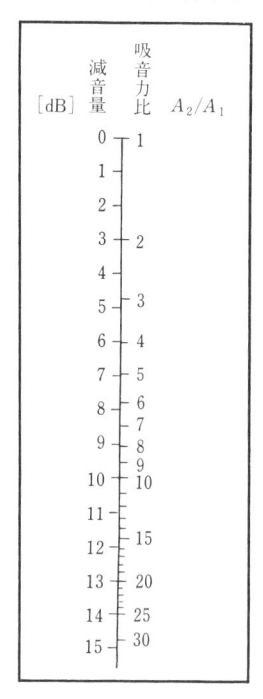

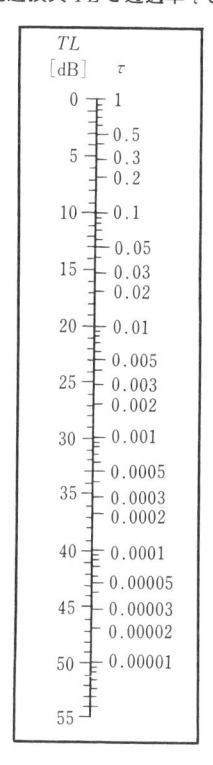

TL [dB]	τ
0	1
5	0.5, 0.3
	0.2
10	0.1
15	0.05
	0.03, 0.02
20	0.01
25	0.005, 0.003
	0.002
30	0.001
35	0.0005, 0.0003
	0.0002
40	0.0001
	0.00005
45	0.00003, 0.00002
50	0.00001
55	

となる．ここで，

I_i：壁面に入射する音の強さ [W/m²]

I_r：壁面で反射する音の強さ [W/m²]

透過損失と透過率との関係を式(10.18)について計算すると，**表 10.3** となる．いま，

I_t：入射した音のうち，壁から反対側に透過した音の強さ [W/m²]

とすると，$I_i = I_r + I_t$ となり，$\tau = I_t/I_i$ であるから，

$$TL = 10 \log_{10} \frac{I_i}{I_t} \ [\text{dB}] \tag{10.20}$$

となる．

$\tau=1$ ということは,入射する音のエネルギーのすべてが透過することであり,しゃ音性能が無いことを意味している.$\tau=1$ を式(10.18)に代入すると透過損失 $TL=0$ となる.τ が1から次第に小さくなるにしたがって TL は次第に大きくなり,しゃ音性能が高くなることを意味している.

いま,$\tau=0.001$ のパネルがあるとすると,このパネルは入射音の音響エネルギーの 1/1000 を透過させることを意味している.したがって,このパネルを音が透過すると,式(10.18)より,透過後は入射音より 30 dB 低い音圧レベルになることを意味している.

透過損失は壁の材質と周波数によって変化する.そのため,オクターブバンド中心周波数の 125,250,500,1000,2000,の5つの透過損失の算術平均をした平均透過損失が使われることが多い.

工場の壁面のように窓,出入り口,換気口などがある場合は,一様な透過率を壁面はもっていない.このように,位置によって異なる透過率をもつ壁面の場合には,壁面の総合透過損失を求めることが必要である.いま,壁面各部の透過率を τ_i,それぞれの面積を S_i,それらの透過損失を TL_i,壁の全面積を S,壁全面の平均透過率を $\bar{\tau}$ とすると,総合透過損失 $\overline{TL}$ は次のようになる.

$$\overline{TL} = 10 \log_{10} \frac{1}{\bar{\tau}} = 10 \log_{10} \frac{S}{\sum_i \tau_i S_i} = 10 \log_{10} \frac{S_1 + S_2 + \cdots + S_i}{\tau_1 S_1 + \tau_2 S_2 + \cdots + \tau_i S_i}$$

(10.21)

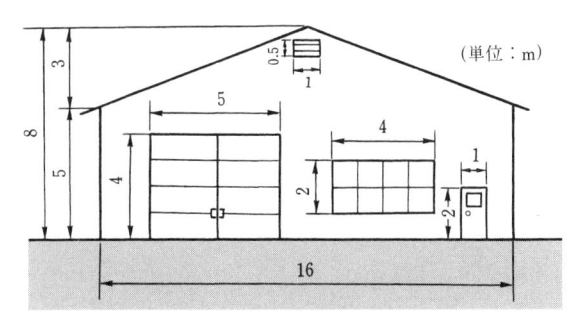

図 10.7 工場の壁面

表 10.4 総合透過損失の計算

各部名称	S_i [m²]	τ_i	$\tau_i S_i$	TL_i
製品出入口	20	0.15	3	8.24
窓	8	0.05	0.4	13.01
ドア	2	0.1	0.2	10
換気口	0.5	0.8	0.4	0.97
RC 壁面	73.5	0.00015	0.011	38.24
合計	104		4.011	

たとえば，図 10.7 に示すような，工場の壁面に窓，出入り口などがある面の総合透過損失を計算してみよう．この面には換気口のように音をよく通す透過率の大きいものから，RC 壁面のように音を通し難い透過率の小さいものまで，それぞれ広い範囲の異なる透過率を有している．あるオクターブバンド周波数における各部分の透過率は表 10.4 の通りとする．面の総合透過損失は式(10.21)と表 10.4 を用いて，

$$\overline{TL} = 10\log_{10}\frac{S}{\sum_i \tau_i S_i} = 10\log_{10}\frac{104}{4.011} = 14.14 \ [\text{dB}]$$

となる．他の周波数バンドについてもこの計算をして，それらの平均値を用いるとよい．

第11章
音を吸収して静音化しよう

 静音化する重要な方法の1つは,発生している音のもつエネルギーを吸収することである.音響エネルギーを熱エネルギーへ変換することによって騒音レベルを下げることができる.この章では騒音を吸収する種々の方法や吸収する材料などについて詳しく述べる.

11.1 音を吸収して熱エネルギーに変えよう

 音源から出る音の大小は音源の強さによって決まる.音源の強さを示すのは音源から1秒間に放射される音のエネルギーであり,これは音響出力である.この音響出力の単位はワット[W]であるから,これは熱エネルギーになることがわかる.すなわち,騒音レベルの大きい音は大きな音響エネルギーをもっているので,静音化する1つの方法はこの音響エネルギーを吸収して熱エネルギーに変えることである.
 音響エネルギーの吸収量を左右しているのは,まず音が伝わる気体や液体などの性質である.粘性の高い空気や液体の中を音が伝わる場合には,それらを振動させるため大きなエネルギーが必要であり,音響エネルギーがそのために使用される.とくに,細い繊維質の間に比較的粘性のある気体があり,そこに音が伝わると気体が振動し,同時に繊維質も振動させるため,音響エネルギーがそのために消費され音が減衰する.音の減衰を大きくするには,気体が動き易い状態よりも周囲に繊維質などがあって拘束されて動き難

い状態にするとよい．空気にも粘性があるが，液体に比べるとかなり低いので，繊維質などで囲って音の伝わる空間を狭くすることである．

　グラスウール，ロックウール，フェルトなどをよく見ると，細い繊維質や薄い膜状の物質によって空気が包囲されていて，空気の粒子の動きが拘束されている．このような状態の所へ音が伝わると，きわめて小さい空間の空気や周りの軽い物質も振動させるためのエネルギーが，音響エネルギーから供給されることになり，音響エネルギーが減少し騒音レベルが低下する．この音響エネルギーは空気やその周りの物質を動かして熱エネルギーへ変換してゆく．したがって，グラスウール，ロックウール，フェルトなどは音を吸収するのに適していることがわかる．音響エネルギーが熱エネルギーへ変っても，そのエネルギーはきわめてわずかであるから人々の肌に感じるような温度上昇はしない．

　液体のように気体と比べるとかなり密度の大きな物質の中を音が伝わる場合には，液体を振動させるのに大きなエネルギーが必要である．そのため空気中より音の減衰は大きい．したがって，液体中で音を遠くへ伝えるには気体の場合に比べてかなり大きな音響出力を音源がもつことが必要となる．

11.2 音を吸収する材料は何か，どのような性質があるか

　空気中を伝わる音を吸収し減衰させる吸音材に要求される条件には次のものがある．

① 音が吸音材の表面で反射することなく内部へ入りやすいことである．吸音材の表面の音響インピーダンスを空気の音響インピーダンスにできるだけ近づけるように表面を柔らかくし，音を吸音材の内部へ入りやすくする．

② 吸音材に入った音が透過しないようにし，吸音材内部で音響エネルギーをすべて吸収することである．そのためには吸音材の厚さを厚くし，表面から内部へ進むにしたがって次第に材料の密度を大きくし，裏面において音が透過しないよう，塗装するなどの処置を施して音を

吸収する．

③ そのほかに，安価，入手しやすい，寿命が長い，使用する場所を選ばない，加工しやすいなどである．

使用する吸音材や吸音方法を吸音構造上から分類すると表 11.1 となる．

(1) 多孔質形吸音材

これに属する材質はグラスウール，ロックウール，フェルト，発泡樹脂，繊維材料，木片セメントなどである．

多孔質形吸音材として昔は天然繊維や獣毛フェルトなどが使用されていたが，現在はグラスウールとロックウールが主流を占めているこれらの吸音材の内部には毛細管状や連続した空洞があり，音が内部へ伝わると小さい穴や空洞の空気の粘性，摩擦，細い繊維状物体の振動によって音響エネルギーが

表 11.1 吸音材の吸音機構の分類と特性

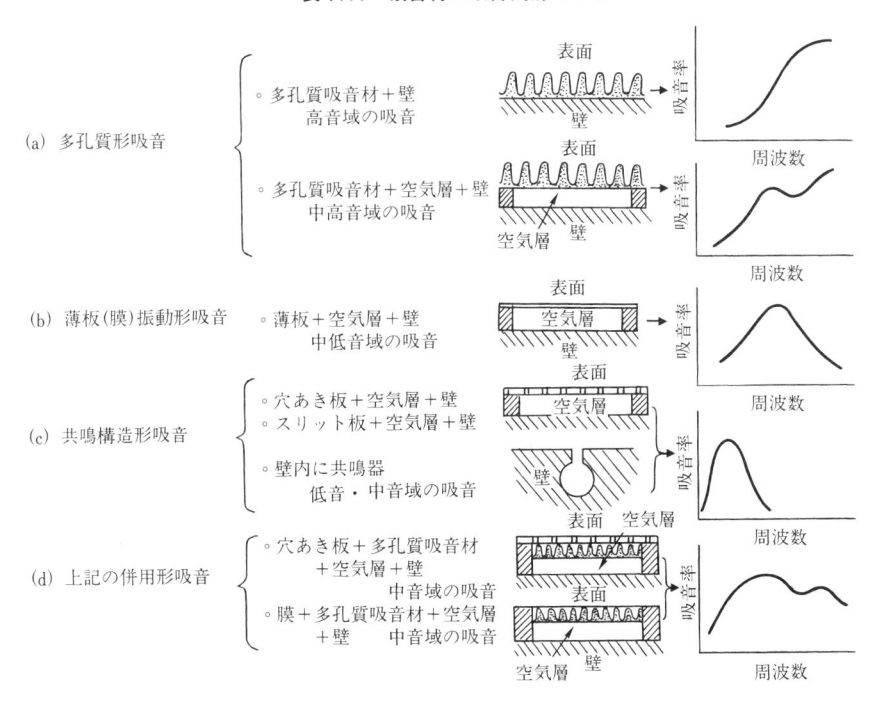

(a) 多孔質形吸音	・多孔質吸音材＋壁 　　高音域の吸音	
	・多孔質吸音材＋空気層＋壁 　　中高音域の吸音	
(b) 薄板(膜)振動形吸音	・薄板＋空気層＋壁 　　中低音域の吸音	
(c) 共鳴構造形吸音	・穴あき板＋空気層＋壁 ・スリット板＋空気層＋壁 ・壁内に共鳴器 　　低音・中音域の吸音	
(d) 上記の併用形吸音	・穴あき板＋多孔質吸音材 　　＋空気層＋壁 　　中音域の吸音 ・膜＋多孔質吸音材＋空気層 　　＋壁　　中音域の吸音	

表 11.2 グラスウール繊維の太さ[1]

グラスウールの種類	繊維の太さ
グラスウール 1 号	10 μm 以下で平均が 4 μm 程度
グラスウール 2 号	12 μm 以下で平均が 7 μm 程度
グラスウール 3 号	20 μm 以下で平均が 12 μm 程度

熱エネルギーへ変換し減衰する．

　グラスウールはガラスを溶かし，これを吹付け法や遠心法などを用いて繊維化したもので，繊維の太さは 4〜20 μm のものが多く，JIS によって**表 11.2** のように規定されている．いずれも細い繊維で接着剤を用いて成形したものである．グラスウール吸音材の厚さは 25〜150 mm，密度は 8〜100 kg/m^3 のものが多く使用されている．

　ロックウールは石灰，珪酸を主成分とした鉱物を溶かし繊維化したもので，接着剤を用いて成形している．ロックウール吸音材の厚さは 25〜100 mm，密度は 20〜300 kg/m^3 が多く使用されている．

　図 11.1 に厚さ 25 mm と 50 mm のグラスウールを，それぞれ剛壁に密着させた場合における吸音率の周波数特性を示した．グラスウールの特性は中音から高音域において吸音率が大きく，高音域でほぼ一定の吸音率となっている．さらに，吸音材の厚さが厚くなるほど吸音率は当然大きくなるが，とくに中音から低音域にかけて吸音率が次第に大きくなり，広い周波数範囲において高い吸音率が得られるようになる．

　グラスウールについて厚さと密度がどのように吸音の周波数特性に影響を及ぼすかを示したのが**図 11.2** である．グラスウールの単位面積当たりの重さ，すなわち，密度と厚さの積が一定になるようにして，密度および厚さを変えて周波数特性を実験した結果である．図を見ると重さが同じでも吸音率にかなりの差があることがわかる．さらに，材料の密度は小さくても厚さが厚くなると吸音率が高くなることがわかる．とくに周波数が 2000 Hz 以下の低い領域において吸音効果が増大している．一般に，周波数の高い音の減衰は容易で，低い音の減衰は困難であるから，吸音材は厚いものを用いると

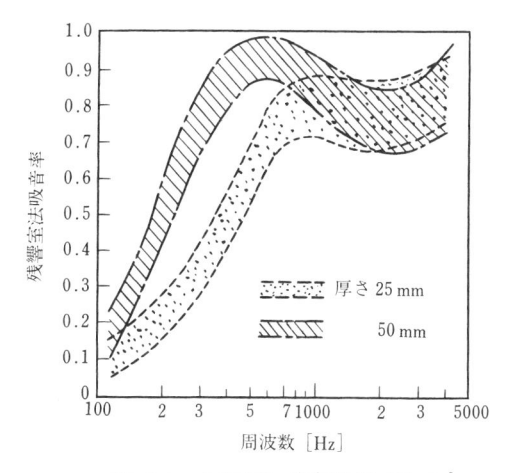

11.2 音を吸収する材料は何か，どのような性質があるか **183**

グラスウール吸音材，密度 16, 20, 24 kg/m³
剛壁に密着

図 11.1　グラスウール吸音材料の吸音特性 [1]

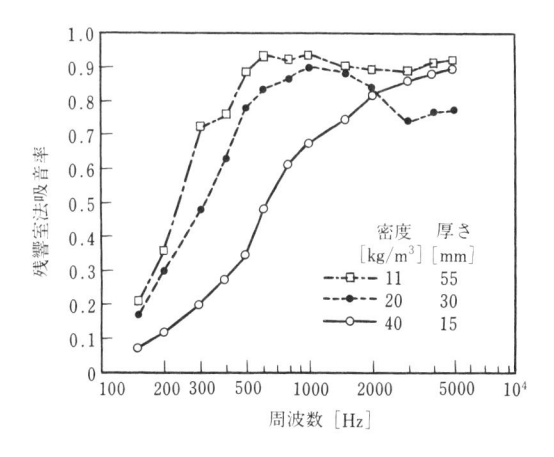

図 11.2　(厚さ)×(密度)一定のグラスウールの吸音特性

よい．

　一般に，グラスウールを用いる場合は剛壁との間に空気層を設けて使用する場合が多い．空気層がある場合はない場合と比べて周波数の低い領域における吸音率が大きくなる．吸音材の厚さを厚くすることも吸音率を高める効

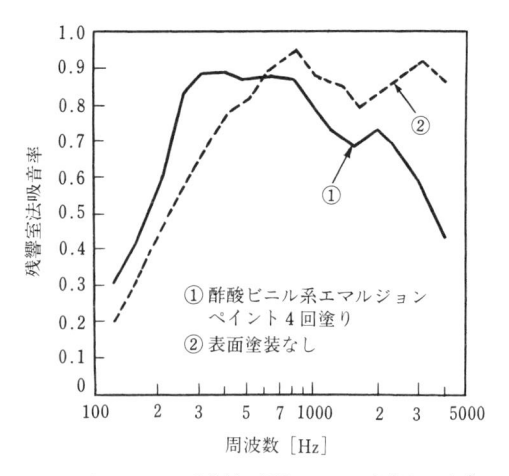

グラスウール吸音材，厚さ25 mm，密度24 kg/m³
裏面空気層厚さ90 mm

図11.3　グラスウール表面塗装の効果[1)]

グラフ凡例：
① 酢酸ビニル系エマルジョンペイント4回塗り
② 表面塗装なし

果はあるが，空気層を設けると安価に周波数の低い領域における吸音率を高める効果が大きい．

　図11.3は，グラスウールの表面に塗装を行った場合と塗装の無い場合について吸音の周波数特性を比較したものである．表面を塗装すると周波数の低い領域で吸音率がやや高くなっている．しかし，反対に高い周波数域で吸音率は低下している．吸音材の表面処理を行うことによって材料の寿命は長くなるが，吸音率を大きくする効果は低い．塗装によって表面における音の反射率が高くならないように配慮し，もとの吸音材の特性を生かしてさらに利点が生じることが必要である．

　ロックウール吸音材の吸音の周波数特性，および剛壁と吸音材との間の空気層の影響を図11.4に示した．グラスウールの場合と同様に，剛壁にロックウールを密着させると高い周波数における吸音率が高く，剛壁との間に空気層を設けると周波数が中および低領域において吸音率が上昇している．空気層は広い周波数範囲で吸音率を高める効果があることがわかる．

　グラスウールとロックウールは風などによる表面の損傷を防ぐため，吸音

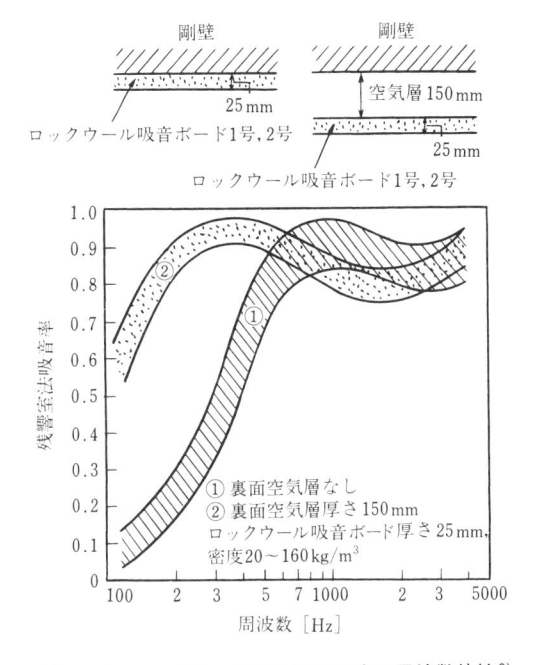

図 11.4 ロックウール吸音材の吸音の周波数特性[2]

特性に悪影響が無いような範囲で金網,織物,薄膜などで外表面を覆い,使用する場合が多い.

多孔質吸音材は吸水性があるので水分が内部へ入ると,空気が入っていた隙間の部分が水で塞がれ音が入り難くなり,吸音率が低下し吸音材としての吸音効果が低減する.とくに水分を多く含むほど周波数の高い範囲における吸音率の低下が大きくなる.

(2) 薄板(膜)形吸音材

これに属するものは,合板,ハードボード,石こうボード,プラスチック板,石綿セメント,金属板,ビニールシートなどである.

薄い板や膜に音が接すると音響エネルギーによってこれらは振動する.振動するときの内部摩擦によって音響エネルギーが消費され,板や膜を取り付けた状態によって決まる固有振動数において大きく吸音する.

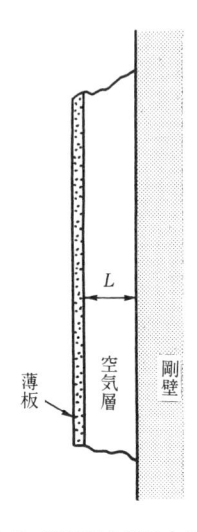

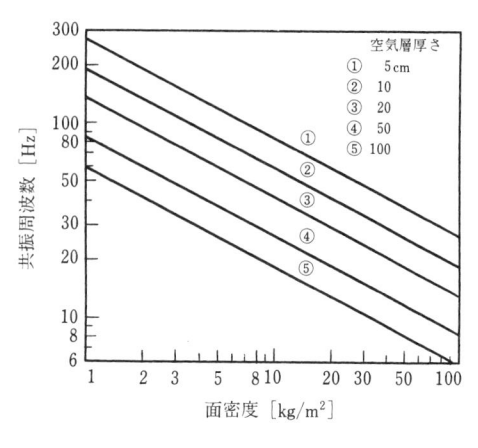

図 11.6　薄板(膜)と空気層の共振周波数

図 11.5　空気層を設けた薄板による吸音

図 11.5 に示すように厚さ L [m] の空気層が剛壁と薄板または膜との間に設けられているとする．板または膜の単位表面積当たりの質量を M[kg]，空気の密度 ρ [kg/m^3]，空気中の音の速さ c [m/s] とする．空気層をばねとみなして板に音が入射したときの共振周波数 f の理論式を求めると，

$$f = \frac{c}{2\pi}\sqrt{\frac{\rho}{ML}} \quad [\text{Hz}] \tag{11.1}$$

となる．

　板または膜の面密度と空気層厚さが大きくなるほど共振周波数は小さくなり，低周波数域の音の減衰に効果があることがわかる．このことは，さきのグラスウールやロックウール吸音材で示した空気層を設けることによって低周波数域の吸音率が高くなっている図 11.4 と一致している．

　式 (11.1) を用いて，面密度と共振周波数との関係を種々の空気層について計算し図示すると，図 11.6 となる．この図を見ると共振周波数と面密度との関係がよくわかる．使用している多くの板材料について，種々の空気層に対して共振周波数を測定すると，空気層の厚さが小さい範囲内では共振周

波数は式（11.1）の計算値とよく一致し，式（11.1）を用いることができるが，空気層の厚さが次第に厚くなると，共振周波数の測定値はほぼ一定値となり，式（11.1）の計算値との差が大きくなって式を適用するのに無理が生じる．

薄板(膜)形吸音材の吸音率は多孔質形吸音材に比べて非常に小さく，実験によって吸音率を求めると，共振周波数における最大吸音率は 0.3～0.4 程度であるが，共振周波数以外の周波数範囲では吸音率は 0.1 以下になっている．

(3) 共鳴構造形吸音材

これに属するものは穴あき板，スリット板，共鳴器などである．

板の材質としては合金，石こうボード，珪酸カルシウム板，アルミニウム板などで，これらの板に貫通穴をあけ，板の背後に空気層を設け，穴，板，空気層の寸法によって決まる周波数を中心とした山形の吸音特性を示す．計算した周波数と測定した周波数とはほぼ同じ特性を示すので，使用目的にかなった吸音の周波数特性が得られるよう設計し，施工すれば比較的容易に効果を挙げることができる．

共鳴器としてはヘルムホルツの共鳴器が以前から有名である．これは図 11.7 に示すように，小さい穴をもつ空洞があると，空洞と穴内部の空気がある特定の周波数で共鳴する．これがヘルムホルツ（Helmholtz）の共鳴器である．体積 V の空洞に断面積 S，長さ h のくび部が付いているとする．空気中の音の速さを c とすると，ヘルムホルツ共鳴器の共鳴周波数は次の式で示される．

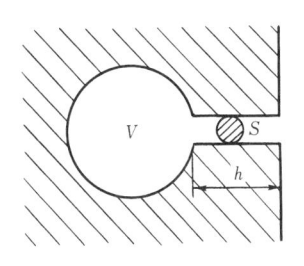

図 11.7　ヘルムホルツ共鳴

$$f = \frac{c}{2\pi}\sqrt{\frac{S}{Vh}} \quad [\text{Hz}] \tag{11.2}$$

この式はくび部の空気が振動するとき，長さ h に含まれる空気が振動し，くび部から外の空気は全く振動しないと仮定して導いている．しかし，実際にはくび部から少し外へ出た部分の空気は，くび部の影響を受けて振動しているので，くび部長さを補正する必要がある．そのため計算にはくび部長さ $h_e = h + \delta$ を用いる．δ を管（くび部）端補正という．この δ には種々の実験値があるが，簡単な式として $\delta = (\pi/2)r$ を用いている．r はくび部の半径，c は音の速さである．

$$f = \frac{c}{2\pi}\sqrt{\frac{S}{V(h+\delta)}} \quad [\text{Hz}] \tag{11.3}$$

この式 (11.3) に示す周波数において容器内部の空気は共鳴し，摩擦振動によって音響エネルギーは減少し吸音されることになる．

穴あき吸音板においてもヘルムホルツ共鳴器と似た共鳴周波数を得ることができる．いま，図 11.8 に示す剛壁に対して d の寸法の空気層厚さを設けて，穴あき吸音板を設置する．板の寸法はきわめて大きいとする．板の厚さ

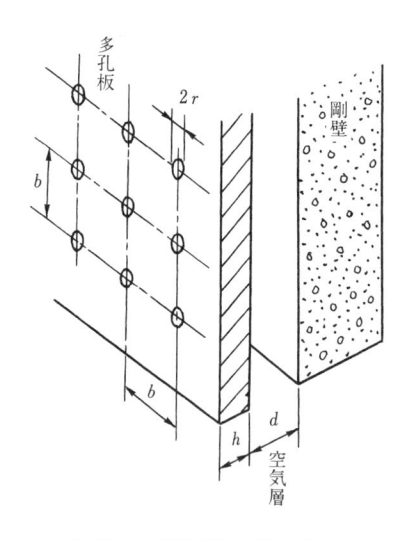

図 11.8　多孔質吸音板による吸音

h, 穴の半径 r, 穴のピッチ b とする．板の表面積に占める穴の断面積の割合を開口率という．開口率 β は次の式となる．

$$\beta = \frac{\pi r^2}{b^2} \tag{11.4}$$

図 11.8 に示す穴あき板の共鳴周波数は，

$$f = \frac{c}{2\pi}\sqrt{\frac{\beta}{\{h+(\pi/2)r\}d}} \quad [\text{Hz}] \tag{11.5}$$

である．

たとえば，板厚 6 mm，穴の半径 4 mm，穴のピッチ 25 mm の穴あき板

表 11.3　多孔板の共鳴周波数を求めるノモグラフ

$\left(h+\dfrac{\pi}{2}r\right)$ [cm]	M	β	f [c/s]	d [cm]
0.06		0.2	20000	0.3
0.08			10000	0.6
0.1		0.1	6000	1.0
		0.08	4000	2
		0.06	3000	3
0.2		0.05	2000	4
		0.04	1000	6
0.3		0.03	800	
0.4			600	10
0.5		0.02	400	20
0.6			300	30
0.8			200	40
1		0.01	100	60
		0.008	60	100
			40	200
		0.006	30	300
2		0.005	20	400
		0.004	10	6000
3		0.003		1000
4				

β と $\left(h+\dfrac{\pi}{2}r\right)$ 上の点を直線で結び，この直線と M との交点と d 上の点を結ぶ直線が f と交わる点が共鳴周波数である．

を用い,空気層の厚さ 50 mm とすると共鳴周波数は次のようになる.

$$\beta = 16\pi/25^2 = 0.08042$$

$$f = \frac{340 \times 10^3}{2\pi} \sqrt{\frac{0.08042}{\{6+(\pi/2)4\}50}} = 619.2 \quad [\text{Hz}]$$

このように,多孔板や空気層の寸法が決まると共鳴周波数を求めることができる.しかし,一般には吸音する共鳴周波数が既知であり,その周波数を得るように必要な板の寸法や空気層の厚さを決めなくてはならない場合が多い.そのため,式 (11.5) を用いて作成したノモグラフが**表 11.3** である.これを用いると空気層厚さ,穴あき板の条件および共鳴周波数を簡単に求め

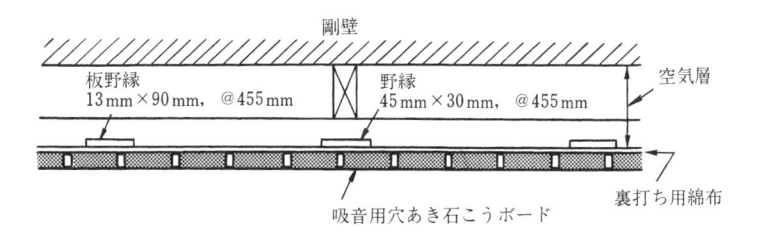

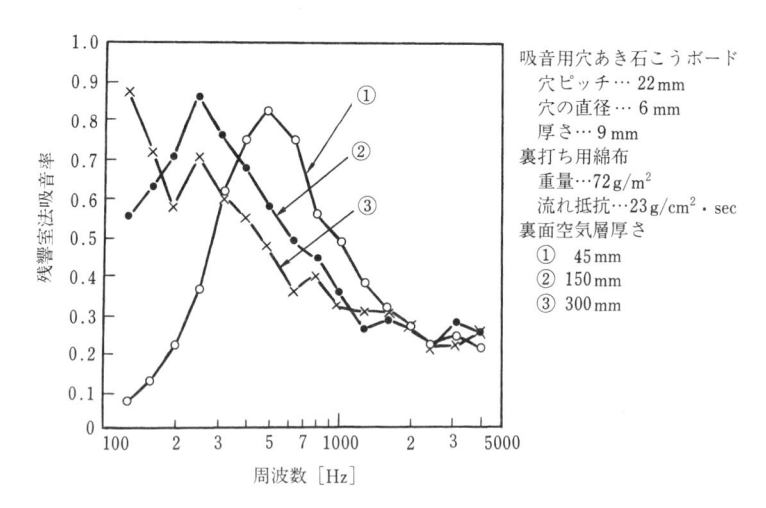

図 11.9 穴あき石こうボードの吸音特性[3]

ることができる．

　穴あき吸音板の空気層厚さが吸音の周波数特性に及ぼす影響を調べると図11.9となる．空気層厚さが45，150，300 mm のそれぞれについて図示した．ある周波数において吸音率が最大になる共鳴周波数があることがわかる．さらに，空気層が厚くなると共鳴周波数が低くなり，低音域における吸音率が高くなることもわかる．

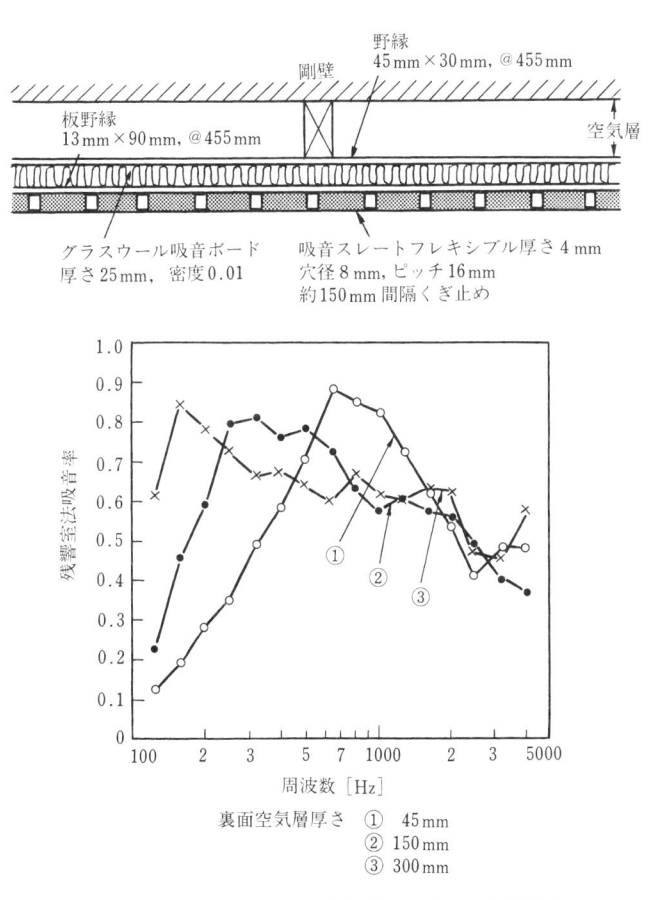

図 11.10　穴あきスレートとグラスウールの併用[4]

（4） 上記の併用形吸音

吸音材を室内や工場などに使用する場合には，材料の吸音特性のみならず，強度，耐久性，美観なども考慮して決める必要がある．そのため複数の吸音材を併用してそれぞれの欠点を補う場合が多い．

図 11.10 は，強度を保つため表面に穴あき吸音スレートを設け，内側に厚さ 25 mm のグラスウール吸音ボードと種々の厚さの空気層を設けたときの吸音の周波数特性を示したものである．空気層の厚さが厚くなるほど低周波数域における吸音率が高くなっている．さらに，全周波数域にわたって吸音率が高くなっていることもわかる．グラスウールのみを使用すると強度や耐久性に問題があるので，表面に穴あきスレートや穴あき石こうボードなどを

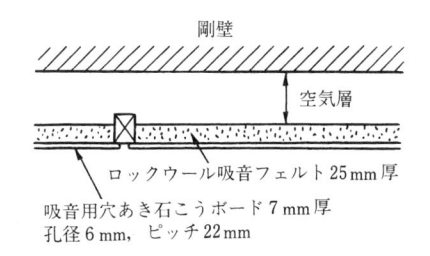

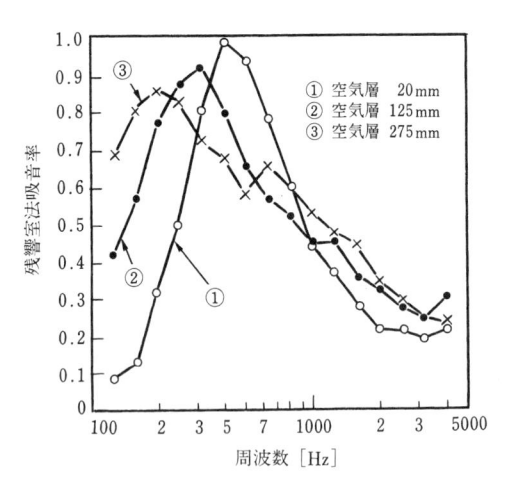

図 11.11　穴あき石こうボードとロックウールの併用[2)]

併用することが多い．

図 11.11 は，穴あき石こうボードとロックウール吸音材を併用し，裏面に空気層を設けた場合の吸音の周波数特性である．3 種類の空気層厚さの影響が示されているが，さきの図と同様に，空気層が厚くなるほど低周波数域での吸音率が上昇している．図 11.11 を見るとある特定周波数で共鳴がはっきりと現れているが，さきの図 11.10 と比べると，高い周波数における吸音率が低くなっている．

図 11.12 は，表面に穴あき珪酸カルシウム板を用い，内側はさきの図 11.11 と同様にロックウール吸音フェルトと 3 種類の空気層を設けた場合の吸音の周波数特性である．図 11.11 と比べると高い周波数域における吸音率の低下がきわめて小さくなっており，空気層厚さが 275 mm においては広

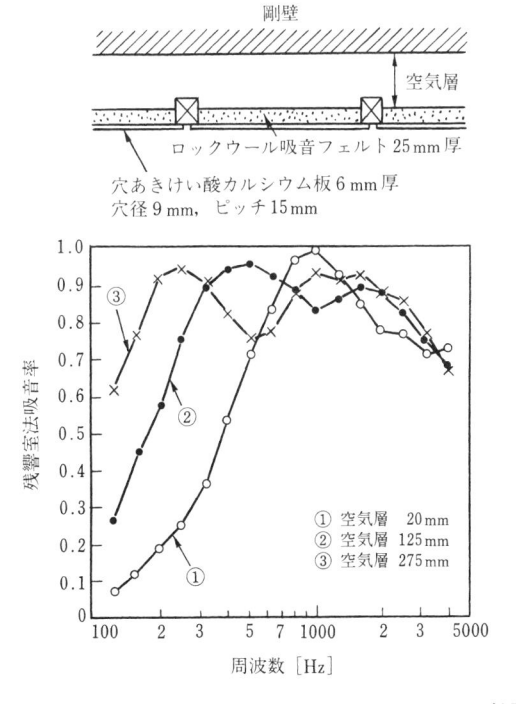

図 11.12　穴あきけい酸カルシウム板とロックウールの併用[2)]

い周波数範囲にわたってかなり高い吸音率となっている．

このように穴あき吸音材背後の空気層厚さが厚くなると，周波数特性にはっきりした山が現われ難くなる．室の天井などに用いるときには空気層厚さが1m以上になることがある．この場合には，穴あき板の共鳴周波数の式（11.5）を用いる計算値が次第に実測値と離れてくるので，式（11.5）が使えなくなる．

穴あき吸音板として穴あき金属板を用いることもあるが，金属板の特徴は板厚が小さく，小さい直径の穴を多数あけているため，共鳴周波数が高くなる．高い周波数のほか低い周波数域における吸音効果も高めるため，一般にその下地材料として多孔質吸音材を組み合わせて使用する．

穴あき吸音材には丸い穴が多いが，長方形やスリット状の細い穴もある．図 11.13 はその一例である．使用する部屋のデザイン面の配慮から採用されることが多い．長方形穴の場合も丸い穴の場合と同様に共鳴周波数が現われるが，その周波数は次の式となる．

$$f = \frac{c}{2\pi} \sqrt{\frac{\beta}{(h+bk)d}} \quad [\text{Hz}] \tag{11.6}$$

ここで，β：開口率
　　　　h：板の厚さ

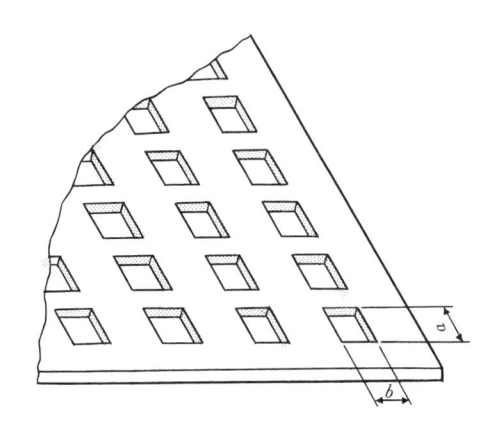

図 11.13　長方形穴吸音材

b：長方形穴の短辺の長さ
k：長方形の両辺の寸法比　$k=a/b$
a：長方形穴の長辺の長さ
d：空気層の厚さ

11.3　吸音材をどのように選択し，使うか

　吸音材を室内の天井，壁などに用いる目的は，音源から吸音材表面に伝わる音の反射を減少させ音響エネルギーを吸収し，騒音レベルを低減することである．したがって，音源から出た音が天井，壁などに当たらないで直接に受音者にくる音に対しては吸音材の効果は期待できない．

　吸音材へ伝わる音の吸収の効果を高めるためには，その材料の吸音機構を十分に理解し，期待する吸音特性を満足させるような材料の選択と取付けの設計施工を行うことが大切である．

　（１）　材料の選択と施工

　吸音材の吸音率は，材質，厚さ，周波数，取付け条件などによって変化する．そのため発生している騒音の特性をよく調べて，各周波数における騒音レベルをどこまで下げたいのかを決めた上で，吸音材の形式，材質および厚さを決め，施工に際しての空気層厚さや取付け条件を決める必要がある．前節に記したように，吸音材と空気層の厚さが厚くなるほど吸音率は高くなり，とくに低周波数域における吸音も大きくなるので，広い周波数域において騒音レベルを低下したい場合には空気層を厚くし，複数の吸音材を併用することも考慮するとよい．

　（２）　吸音する場所

　騒音を吸収する場合にどこに吸音材を用いるかを決めることが大切である．音源と受音者との位置関係，音源の特性，とくに指向性や騒音レベルとその変化などを十分に検討して，どの場所にどのような吸音材を採用するかを決めることである．

　音源に近い所や騒音レベルの高い所に有効な吸音材を用いると吸音効果が

大きい．騒音源の近くに吸音材を処置したつい立を用いたり，音源に囲いを設置して直接音を吸収することも，音響出力の大きな音源に対しては有効である．

大きな騒音を発生する工場などにおいては壁面に吸音材を用いるだけでは十分でなく，音源の上方に懸垂形吸音材を天井から吊り下げて吸音効果をいっそう高める方法も採られている．

（3） 吸音材の選択方法

室内の壁や天井に用いる吸音材を選ぶには室内の平均吸音率が必要であり，それを求める基本は室定数の式（10.13）である．この室定数 R はさきの式（10.14）から求めることができる．その手順は次の通りである．

（a） まず，騒音源のパワーレベルを測定する．（第2章参照）

（b） 次に室内の騒音の許容値を決める．

騒音の許容値はその部屋の使用目的によって決まるもので，一般に音楽演奏会場や放送スタジオなどでは 30 dB(A)以下，住宅，会議室，居室などでは 34〜47 dB(A)，実験室，小売店，レストランなどでは 42〜56 dB(A)，工場，ガレージ，作業場などでは 56〜80 dB(A)などが採用されている．とくに許容値を決めるときに騒音源からの距離を決めておくことが必要である．

（c） 室定数を導く．

音源が室内のどの位置にあるかによって，式（10.14）の Q の値を決める．式（10.14）においてパワーレベル L_w は（a）において判定される．L_p は騒音の許容値であり，（b）において騒音源からの距離 r と共に決まる．これらの値を式（10.14）に代入して室定数 R を求める．あるいは図 10.5 または図 10.6 を用いる．これらの図の縦軸は $(L_p - L_w)$ を示しており，（a）と（b）から求まる．これに r が求まっているので，それらから室定数 R を図から求めることもできる．

（d） 室内の平均吸音率を決める．

室定数が求まったので，式（10.13）より平均吸音率 $\bar{a}$ を計算することができる．あるいは室内全表面積 S との比 R/S を計算して，図 11.14 から平

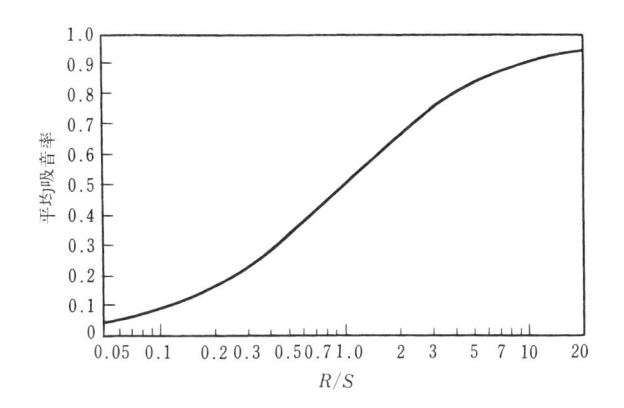

図 11.14 室の平均吸音率と室定数 R との関係

均吸音率を求めることもできる．

（e） 室内各部分の使用吸音材を決める．

種々の吸音材の吸音特性に基づいて，室内の平均吸音率が(d)で求めた値になるように吸音材を決める．

以上の手順に従って騒音の吸音率から吸音材を選ぶことができる．

さらに，使用する場所によって，風の強い所，直射日光のあたる所，湿度の高い所など，それらに耐えるように考慮することが必要である．

（4） 吸音材の表面処理と塗装仕上げ

音楽の演奏会場，スタジオ，集会所などに吸音材を用いる場合には，明るさ，美観，耐久性などを保存するため，表面に薄膜の被覆，塗装，硬化を施すことがある．しかし，ここで注意しなくてはならないことは，吸音材表面の多孔性を維持して表面の音響インピーダンスが増大しないようにし，表面における音波の反射を少なくし，吸音率を維持することである．

吸音材は音を吸収するため繊維状や多孔質になっているので，表面が吸湿しやすく，風による飛散，表面の汚れや変質，強度に問題があり，表面処理を施すことが多い．

（5） 経済性

吸音材の価格，設計，施工などの諸経費を算出し，吸音効果と経済性を考

図 11.15　高速道路に用いた吸音壁の前面　　図 11.16　高速道路に用いた吸音壁の背面

慮することも吸音方法を決定するうえで大切なことである．

　室外で吸音材を使用する場合にはとくに耐候性，強度に対する配慮などが必要である．図 11.15 は交通量の多い一般道路，高速道路などに多く用いられている吸音壁の前面を示した．また，その背面を図 11.16 に示した．この吸音壁は寸法が約 2000×500 mm 程度の大きさのユニットパネルを組み合わせて積み上げたものである．前面は厚さ 1 mm の耐蝕アルミニウム板にスリットを設け，音を内部へ導く．内部にはグラスウールと空気層があり吸音する．背面には亜鉛鉄板を用い音が透過しないよう耐候性にも考慮されている．1 枚のパネルの寸法と構造を図 11.17 に示した．強度を保つため回りは金属を用い，内部にフィルムで被覆したグラスウールが用いられている．

　図 11.18 はトンネル内の側壁用吸音パネルの前面を示したもので，前面には直径 7 mm 程度の穴を多数あけたステンレスの薄板を用い，内部にグラスウールと空気層を設けて吸音している．図は 1 枚のパネルを示したもので，これを多数組み合わせて吸音壁を構成する．穴から内部へ入った音は吸音材と空気層で吸収され，内部で一部が反射しても途中で吸音されるので，穴から外へ出る音はほとんど無くなってしまう．

　小さい穴を多数あけて吸音する原理を図 11.19 に示す．穴から内部へ入った音は内部の表面で反射する．そのときの反射率を仮に 0.4 とすると，2 回目の反射では 0.4×0.4＝0.16 となり，3 回目では 0.064 と，反射する回数

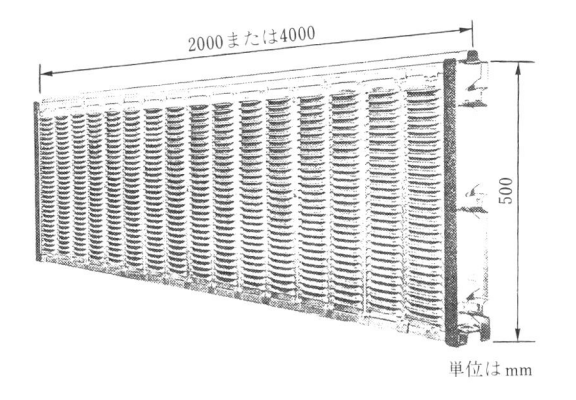

11.3 吸音材をどのように選択し，使うか　**199**

図 11.17　吸音壁のユニットパネル

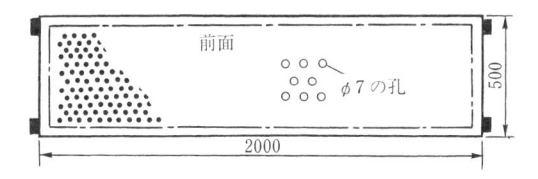

図 11.18　吸音板パネルの前面

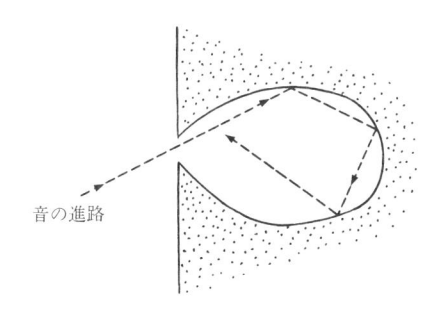

図 11.19　小さい穴へ入る音

が増すと共に反射する量は小さくなり，ほとんど内部へ吸収される現象を利用したものである．

　無響室では天井や壁などの吸音率を1に近づけることが必要である．そのために特別な吸音構造を用いている．図 11.20 は無響室に用いている吸音く

音の進路

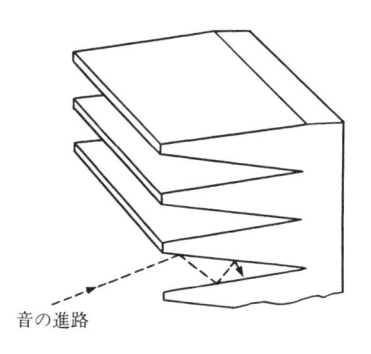

図 11.20 吸音くさびの形状

さびである．グラスウール吸音ボードを図のようなくさび型に切断し，枠組みに入れて壁などに取り付ける．くさびの形状と寸法が吸音特性に影響し，くさびのテーパ部は 300〜800 mm の長さが多く用いられているが，テーパ部の長さが長くなるほど周波数の低い領域においても吸音率が大きくなる．くさび部に入った音は何度か反射するうちにほとんど吸収されて吸音率が 1 へ近づいてゆく．吸音くさびの先端は損傷を防ぐため切断されているが，テーパ長さの 10%程度であれば吸音特性に影響は無いと見なしてよい．

11.4 ダクトで音を吸収しよう

音を吸収する吸音ダクトは主に流体の給排気管として用い，音源からの騒音を減少させる役目をもっている．ダクトは音源である送風機，内燃機関，ガス発生器，バーナなどに接続している．さらにダクトには弁，絞り，曲がり，ノズルなどが取り付けられるため，それぞれに発生する気流音，吸排気音，燃焼音などを吸収するのに用いる．

ダクトには直管部，曲管部，分岐部，断面変化部，ダンパ，案内羽根などがあるため，内部を流れる気流は速度が大きい場合は乱流となり，周波数の広い範囲の騒音を出す．気体の乱れが大きいとダクト壁を振動させてダクトが音源となり，ダクトの表面から音を発生することもある．

ダクト内部の吸音が十分でないと，管壁を経て騒音が外部へ伝わり，室内の騒音源となったり，また反対に，騒音レベルの大きな動力室などをダクトが通ると，ダクト周辺から管壁が振動を受け内部へ音が伝わり，隣室へ騒音を伝えることもあるので注意が必要である．

（1） ダクト内での音の減衰

ダクトの断面積が変化するときの音の減衰について考えてみよう．断面積が S のダクト内を音（平面波）が伝わるときの音響インピーダンスは，式 (2.15) より，

$$Z = \frac{p}{Su} = \frac{\rho c}{S} \tag{11.7}$$

管の断面積が S_1 から S_2 へ急に変化する位置において，音響インピーダンスも急に変化するため，2つの媒質の接触面における場合と同様に音の一部は反射する．

断面積 S_1 のダクト内を音圧 p_i で入射する音は，断面積が変化する位置で音の一部は音圧 p_r で反射し，他の音は断面積 S_2 へ音圧 p_t で透過する．そのため音響エネルギーは減衰する．

図 11.21 に示すように，断面積が変化する境界位置では左右へ向く粒子速度 u および音圧 p はそれぞれ等しいので，

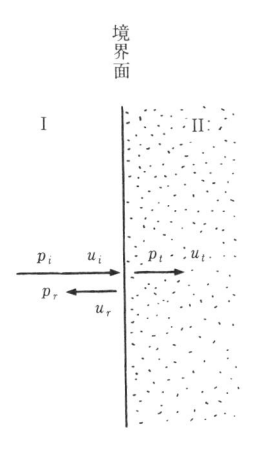

図 11.21 境界面に入る音

$$u_i - u_r = u_t \tag{11.8}$$

$$p_i + p_r = p_t \tag{11.9}$$

式（11.7）を用いて，

$$\frac{p_i}{Z_1} - \frac{p_r}{Z_1} = \frac{p_t}{Z_2} \tag{11.10}$$

音の速度は境界の左右で変化しないから $c_1 = c_2$ である．式（11.9）および式（11.10）から，

$$\frac{p_i}{p_t} = \frac{Z_1 + Z_2}{2Z_2} \tag{11.11}$$

となる．断面積の比 $S_2/S_1 = m$ とすると，断面積の変化による音の減衰量は，

$$減衰量 = 10 \log_{10} \frac{p_i^2 S_1}{p_t^2 S_2} = 10 \log_{10} \left(\frac{S_1 + S_2}{2S_1} \right)^2 \frac{S_1}{S_2}$$

$$= 10 \log_{10} \frac{1}{4} \left(\frac{1}{m} + 2 + m \right) \quad [\text{dB}] \tag{11.12}$$

となる．断面積の比 m と減衰量との関係を示すと図 11.22 となる．図を見ると，$m=1$ を中心に左右対称となっており，ダクトの直径が 2 倍になると $m=4$ となり，約 2 dB 減衰することがわかる．この減衰は式（11.12）の導き方からもわかるように，音響インピーダンスの変化による計算から得たものである．急速に断面積が変化すると，流速が変化したり渦が発生すること

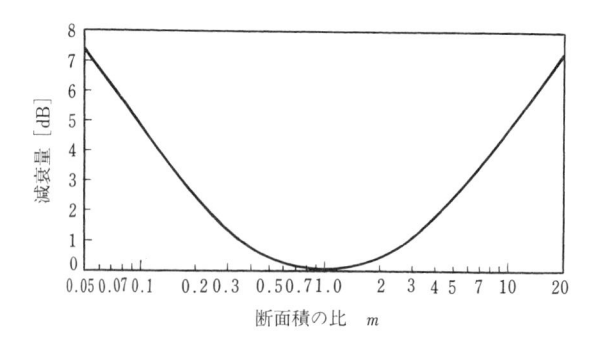

図 11.22 ダクトの断面積の比と減衰量

図 11.23 ダクト開口端の反射による減衰

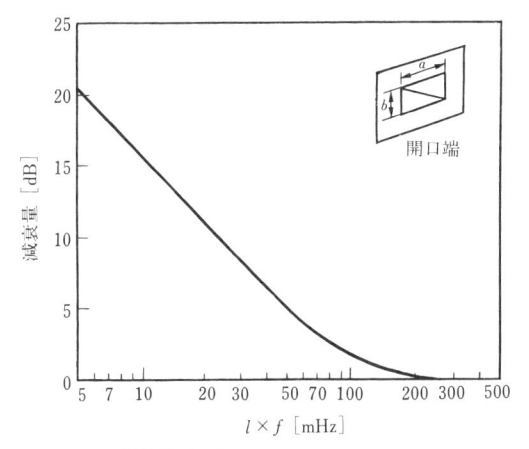

f：周波数 [Hz]
$l=\sqrt{ab}$，円断面では直径 $D=l$ [m]
a, b：ダクト断面長方形の辺長 [m]

があるので，そのために騒音レベルが高くなることもある．

広い室内へダクトが開口している場合や，広い空間からの吸込口の場合には断面積の変化はきわめて大きく，開口端で音は一部反射され，室内へ放出する音は減少する．これが開口端反射減衰で，その減衰量は開口面積が小さいほど，また周波数が低いほど大きくなる[5]．このことはダクト開口端の減衰を示した図 11.23 から理解できる．この図はダクト開口端にピストン運動する板があり，その板が音を出すと考えて減衰を求めた結果である．なお，図に示すように開口端に大きいバッフルがある場合である．

ダクトが直角に曲がる場合は，外側を曲がる音と内側を曲がる音で距離に差があるため，両者の間に位相のずれが生じて減衰する．直角曲がりダクトの減衰を求めるのに図 11.24 を用いている．

（2） ダクト内の気体音の吸収

ダクト内を音が伝わるとき，ダクト内面に吸音材を張り，音響エネルギーを吸収する方法がよく用いられる．内張りする吸音材にはグラスウール，フ

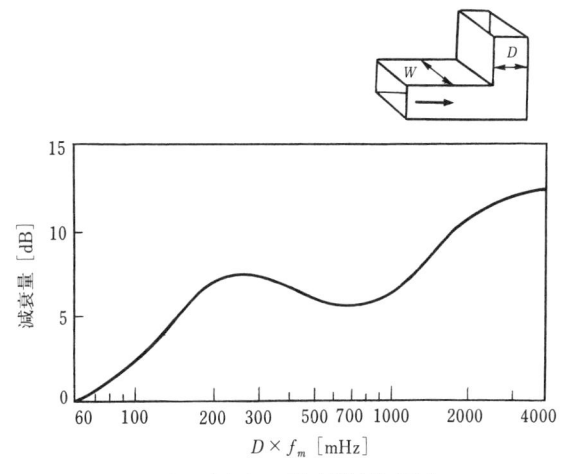

図 11.24　直角曲がりダクトの減衰

ェルト，ミネラルウール，ロックウール，ポリエステルスポンジなどを用いるが，ダクト内は気体が流れるため流れに接する表面に金網や多孔質金属板を用いて補強する．

　直管に吸音材を内張りしたダクトによる音の減衰については，断面が円形のダクトの場合は直径を D，長方形ダクトの場合は短辺の長さを D とし，波長は λ で，$\lambda/2 < D < \lambda$ となるよう D を決めると，$f_0 = c/\lambda$ の周波数成分がもっとも大きく減衰する．図 11.25 は内張り直管ダクトにおける音の減衰特性を示した．

　直管ダクト内における音の減衰量については，多くの人々が理論や実験から式を導き出している．音の減衰量 R はダクトに内張りされた吸音材の表面積，すなわちダクト内面の周長 P とダクトの長さ L との積に比例し，ダクト内の断面積 S に反比例することから，減衰量は，

$$R = K \cdot \frac{P}{S} \cdot L \tag{11.13}$$

となる．

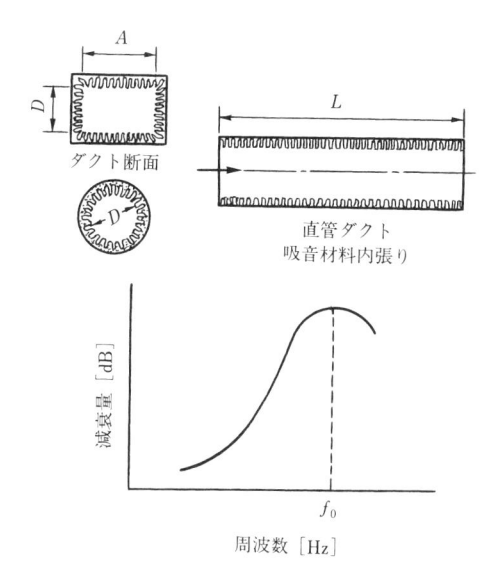

図 11.25　内張り直管ダクトとその吸音減衰特性

断面が長方形ダクトでは，$S = AD$　[m²]，$P = 2(A+D)$　[m]

断面が円形ダクトでは，$S = \pi D^2/4$　[m²]，$P = \pi D$　[m]

K は定数で，吸音材の吸音率によって決まる．図 11.26 に K と吸音率との関係を示した．

Sabine は実験によって，吸音率 α が 0.2〜0.8 の場合に次の式を得ている．

$$K = 1.05\alpha^{1.4} \tag{11.14}$$

一般に，図 11.26 から K を求める方が簡単である．

吸音材の内張りダクトのエルボの減衰特性を図 11.27 に示した．エルボに吸音材を内張りすると，直管吸音ダクトより減衰量は大きくなる．エルボの曲率が大きいほど（曲率半径が小さいほど）減衰量は大きい．

図 11.26　吸音率 α から定数 K を求める図

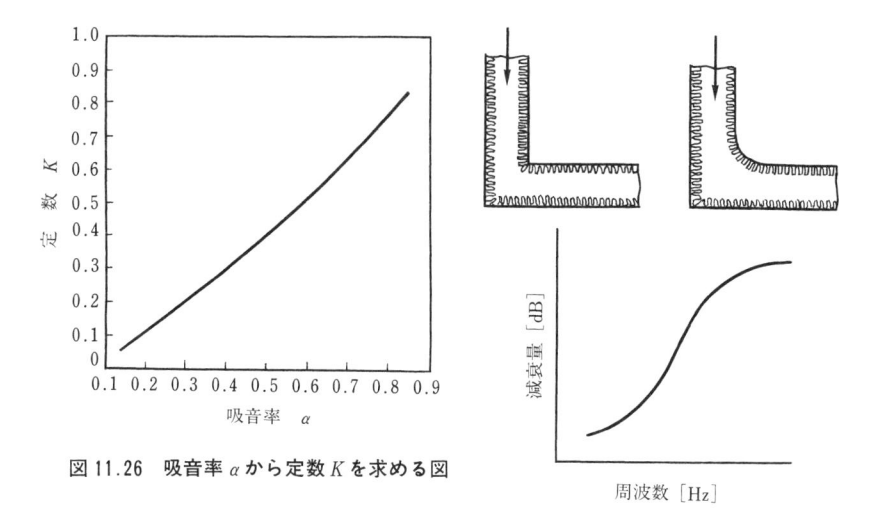

図 11.27　内張りエルボとその吸音減衰特性

11.5　音を共鳴させて吸収しよう

　発生している騒音を低減するためにその騒音を周波数分析すると，ある特定の周波数で大きなレベルを示す場合が多い．その場合には特定の周波数におけるレベルを他の周波数域のレベルより低くすることができれば，全体の騒音レベルをかなり低くすることができる．この特定の周波数におけるレベルを低くするために共鳴吸音の原理を利用することができる．

　いま，送風機，バーナ，エンジンなどに結ばれた管は，内部を空気や燃焼排ガスなどが通り，同時に騒音が内部を伝わっている．このような場合にその騒音を途中で共鳴吸音することができる．図 11.28 に示すように，管壁に小さい穴をあけ，その外側に気密空洞部を取り付けて共鳴現象を発生させ，管内を伝わる音響エネルギーを共鳴吸収させるものである．

　管内に吸音材を張って音を吸音する場合には，比較的高い周波数音は吸収できるが，低い周波数音は吸収が困難である．それに対してこの共鳴吸音は低い周波数音も吸収できる特徴を有している．

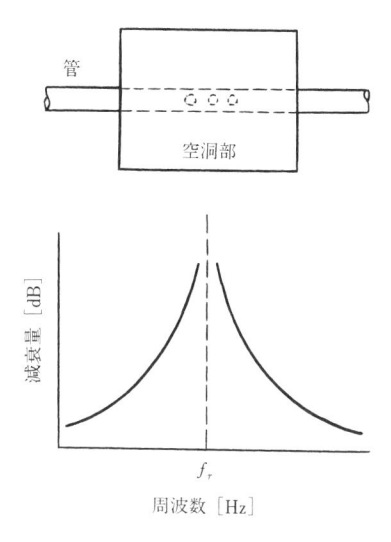

図 11.28 共鳴形消音器とその減衰特性

　図 11.28 に示すような管の外側に空洞をもつ場合の共鳴周波数 f_r は，次の式で示すことができる．

$$f_r = \frac{c}{2\pi}\sqrt{\frac{G}{V}} \quad [\text{Hz}] \tag{11.15}$$

ただし，c は音の伝わる速さ　[mm/s]

　　　　　G は管にあけた穴のコンダクティビティ

　　　$G = A/l_e$　[mm]

　　　　　A は穴の全面積，半径 a の穴が n 個の場合は $n\pi a^2$　[mm^2]

　　　$l_e = t + \dfrac{\pi}{2}a$　[mm]

　　　　　t は管の厚さ　[mm]

　　　　　V は空洞の体積　[mm^3]

　空洞の寸法は音の波長に比べて小さい範囲内に保つことである．1 個の空洞だけでは十分な吸音減衰が得られない場合には，複数の空洞を一定の間隔を置いて連続して用いると，共鳴周波数付近において減衰量は非常に大きく

なる．

式 (11.15) からわかるように，空洞の体積 V と穴の条件 G を任意に選ぶことによって共鳴周波数を変えることができるので，管内を通る種々の特性をもつ騒音の低減に広く利用することができる．

管の外側に取り付ける空洞の内部に吸音材を充填して用いることもある．この場合には，管の周囲の面積に占める管の周囲の穴の面積の割合である有孔率と，吸音材の充填密度によって吸音の効果が決まる．充填密度は高いほど効果は大きいが，有孔率は5%より小さいと効果はなく，むしろ充填しない方が良い．5%より大きい有孔率にして使用するのがよい．

共鳴吸音を利用して騒音の低減を図る方法は，生産工場での管内の騒音の静音化に用いられているほか，ガス燃焼器やエンジンの排ガスの静音化にも用いられている．さらに，消音器として製品化されている．

その他にも 11.2 節に記したように，吸音板の裏側に空気層を設けて共鳴を利用したものや，図 11.8 に示すような穴あき吸音板による吸音も共鳴現象を利用したものであり，共鳴吸音を利用したものは多い．

11.6 音を膨張させて吸収しよう

管内を音が伝わるときに，管の断面積を大きくし膨張させて静音化することができる．管内を平面波が管の軸方向に進行してゆくと，断面積が大きくなるところで音響インピーダンスが変化するので，一部は反射し一部は進行する．さらに，拡大管の直径が減少する所で進行してきた音の一部は反射する．この反射音と進行してきた音とが干渉し合って減衰する．このように2か所において断面積変化による音の反射がおこり音が減衰するのである．そのためには膨張した部分の管内径よりも長さが長いこと，また管内径が音の波長より小さいことが必要である．

このような条件のもとで，図 11.29 に示すように，断面積 S_1 の細い管から断面積 S_2，長さ L の太い管に膨張し，再び断面積 S_1 の細い管に結ばれているとする．λ を音の波長とする．$2\pi/\lambda = k$，$S_2/S_1 = m$ とすると，D.

11.6 音を膨張させて吸収しよう

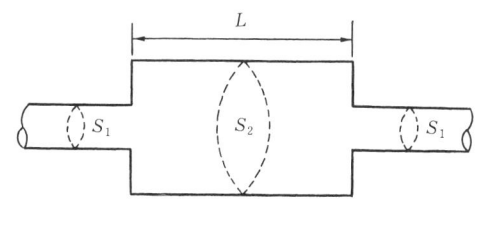

図 11.29 膨張形消音器

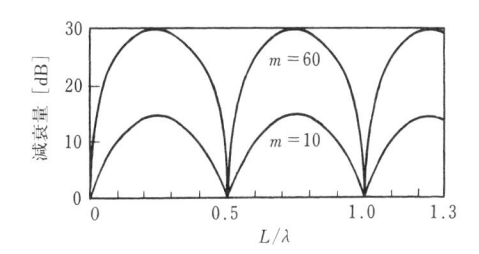

図 11.30 膨張形消音器の減衰特性

Davis による次の式がある．

$$\text{減衰量} = 10 \log_{10}\left\{1 + \frac{1}{4}\left(m - \frac{1}{m}\right)^2 \sin^2 kL\right\} \quad [\text{dB}] \tag{11.16}$$

この減衰量を L/λ に対して図に示したのが図 11.30 である．図を見ると m が大きいほど，すなわち S_1 と S_2 との差が大きいほど音の減衰は大きくなることがわかる．さらに，図からわかるように減衰が 0 になるときと，最大になるときがある．減衰が 0 になるのは $L/\lambda=0$, 0.5, 1, 1.5, 2, ……すなわち，$L=\lambda/2$, λ, $3\lambda/2$, 2λ, $5\lambda/2$, ……など L が半波長の整数倍の場合である．反対に減衰が最大になるのは $L=\lambda/4$, $3\lambda/4$, $5\lambda/4$, ……など L が 1/4 波長の奇数倍の場合である．

式 (11.16) を見るとわかるように，m が大きくなると音の減衰量は大きくなる．m と最大減衰量との関係を式 (11.16) について計算すると，図 11.31 となる．

拡大管の左右の管の断面積は必ずしも同じでなくてもよい．図 11.32 に示

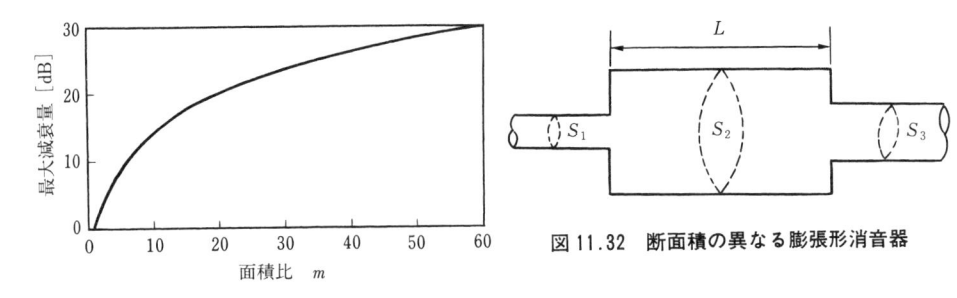

図 11.31　最大減衰量と面積比 m との関係

図 11.32　断面積の異なる膨張形消音器

すように，断面積 S_2 の拡大管の左右の管の断面積が，それぞれ S_1 および S_3 である場合の音の減衰量は次の式となる．

$$減衰量 = 10 \log_{10} \frac{1}{4} \left\{ \left(1 + \frac{m}{m'} \right)^2 \cos^2 kL + \left(m + \frac{1}{m'} \right)^2 \sin^2 kL \right\}$$
$$+ 10 \log_{10} \frac{m'}{m} \quad [\mathrm{dB}] \tag{11.17}$$

ただし，$m = S_2/S_1$, $m' = S_2/S_3$,
S_1, S_2, S_3 は各管の断面積 $[\mathrm{m}^2]$，L は拡大管の長さ $[\mathrm{m}]$

　拡大管を非常に大きくし，その内面に吸音材を取り付けて吸音することもできる．これは消音チェンバーと呼ばれている．消音チェンバーによる減衰は約 15 dB 以下が多い．かなり大きな空間と吸音材を必要とすることが欠点である．

　この静音化方法はエンジンの排ガス騒音，ガスバーナの燃焼音，送風機の風切音など管内の気体を通して伝わる騒音の静音化に使われるほか，一般家庭で使用されている石油ファンヒータの石油燃焼音の静音化にも使用できる．

第12章
音をさえぎって静音化しよう

　騒音が音源から人々に伝わる途中で，騒音レベルを下げる対策の1つとして考えられるのは，音の通路をさえぎることである．塀，つい立，パネルなどを立てると，音がそれらの表面で反射して，一部は受音点と異なる方向へ音が伝わることになる．これをさらに進展させて，音源を包むようにパネルで囲ってしまうとさらに効果は大きくなる．工場周辺や高速道路に沿って塀を設けているのもその例である．

　本章では塀，つい立，パネルなどによって音の通路をさえぎったときの効果や種々の現象について説明する．

12.1　塀やつい立で音をさえぎろう

　機械などの音源の周辺につい立を用いると，音源からの音を反射させ，しゃ音することができる．道路に設けた防音壁も吸音のみでなく，しゃ音の役目も果たしている．

　光の場合には，図12.1に示すように波長がきわめて小さく直進するため，光源から塀の上端を通る直線と塀の裏側で囲まれた部分は陰となり，塀が光をしゃ断している．

　これに対して，音の場合は波長が光よりかなり大きいために，塀の上端である程度回折し，陰の部分にも音が伝わる．この回折の程度は音の波長によって異なり，波長が小さいほど，すなわち周波数の高い音ほど回折し難く，

212　第12章　音をさえぎって静音化しよう

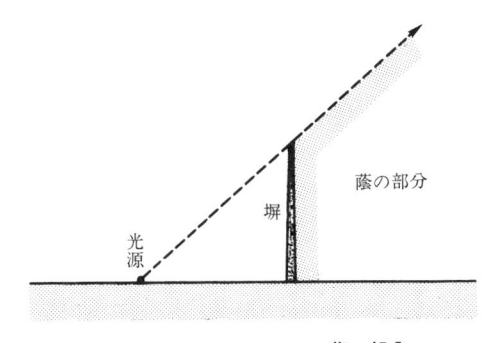

図12.1　塀による蔭の部分

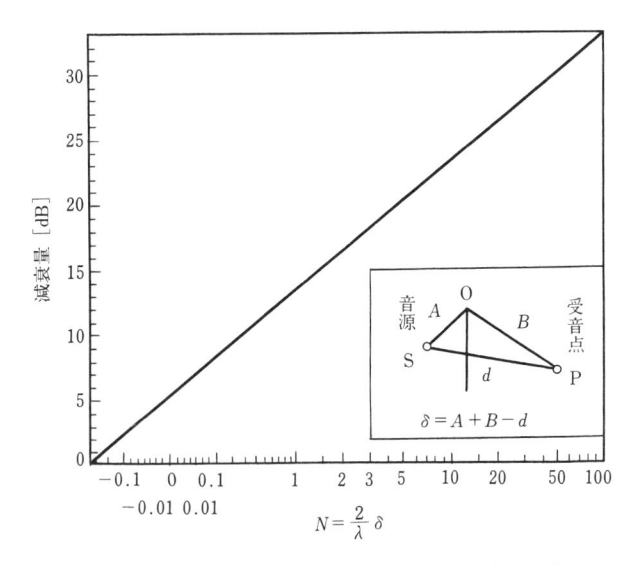

図12.2　自由空間の半無限障壁による減衰量[1]

塀によるしゃ音効果が高い．

　塀による音の減衰量を求めるのに図12.2がよく用いられている．図中に示すように，自由空間内にナイフエッジをもつ半無限に広がった塀が，無指向性の点音源Sと受音点Pとの間に置かれた場合について，理論と実験に基づいて求めた減衰量のグラフである．図中に示す d は点Sと点Pとの間

の直線距離，A は点 S と塀のナイフエッジ O との間の直線距離，B は点 P と点 O との間の直線距離とする．

音の減衰量を求めるには，$\delta = A + B - d$ を作図によって求め，音の周波数から波長 λ を求めて，$N = \delta(2/\lambda)$ を計算し，それを図 12.2 の横軸にとり縦軸の減衰量を読み取る．たとえば，$N = 1$ のときの減衰量は約 13 dB である．$N = 2, 4, 8$ では減衰量はそれぞれ約 16, 19, 22 dB と N が 2 倍になるごとに減衰量は 3 dB ずつ増加している．N の正負については，塀のために S から P を見通せない場合には正，点 S, O, P, がすべて同一直線上の場合には $N = 0$，さらに S から P を見通せる場合には負である．

図 12.2 に示した音の減衰量を求める実験は，地面のない自由空間で塀が半無限の長さであり，塀の上端はナイフエッジの場合であるから，実際の使用に当たってはこの点をよく留意しておかないと，計算値通りの減衰を期待できないことがある．

地面に立てた塀の場合には，音源から出た音は塀のナイフエッジ O で回折した後，直接受音点 P に到達する音と，地面で反射して受音点に到達する音とがある．図 12.3 に示すように，地表面の G 点で反射して P 点に到達する音を考えてみよう．この場合には P の鏡像 P′ へ音が到達すると考えて，直接 P 点へ到達する上記の場合と同様に，$\delta_2 = \overline{SO} + \overline{OP'} - d_2$ を求める．ただし，d_2 は音源 S と鏡像 P′ とを結ぶ長さである．さらに，$N_2 = \delta_2(2/\lambda)$ を計算し，図 12.2 から減衰量を求める．これが地面で反射して受音点 P に到達する音の減衰量 L_2 である．

受音点 P が地面に近いと塀の頂点 O から P への直接音の減衰量 L_1 と L_2

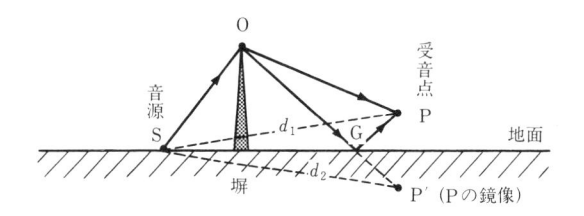

図 12.3　地面に立てた塀による回折

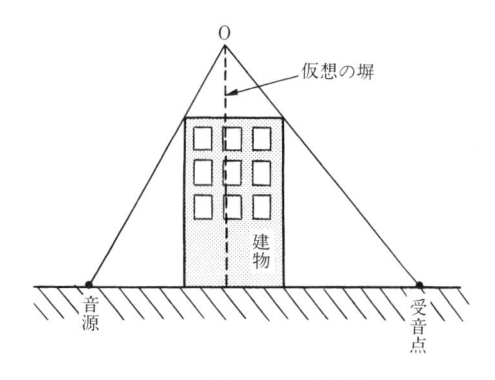

図 12.4　建物のしゃ音効果

は $L_1 \fallingdotseq L_2$ と見なすことができる．ここでは地面での減衰は考えていない．地面に立つ塀の場合は，塀の頂点 O から受音点 P へ到達する直接音の減衰量 L_1 と地面で反射した反射音の減衰量 L_2 を合成した L_3 が減衰量である．

塀の厚さがきわめて厚くなる場合，たとえば，長方形の建物，土堤などでは，図 12.4 に示すように，O 点を塀の頂点と仮定して仮想の塀に置き換えて計算するとよい．建物では一般に塀より厚さが厚くなるから，高い塀を建てたのと同じ効果があり減衰が大きくなる．

一般の塀はその厚さが波長以下の場合が多いので，実用上は塀の厚さを無視しても差し支えない．通風用の穴のある塀ではしゃ音効果を期待できないが，穴のない塀によって得られる減衰量の限度は 20〜30 dB 程度である．道路用防音壁のように壁の音源側に吸音材を用いると，減衰効果を高めることができる．

防音塀の設計においては図 12.5 に示すように塀の位置 W は音源 S と受音点 P の中央に設けるよりは，可能な限り S に近くする方がしゃ音効果を高める上で有効である．その理由は，図 12.2 に示す横軸の N は行程差 δ を半波長で割った値であるから，塀が S に近くなると，塀の高さは同じでも δ が大きくなるため，大きな減衰量が得られる．塀を高くしても δ は大きくなるので，減衰量は当然大きくなる．

(a) 塀が音源に近い場合

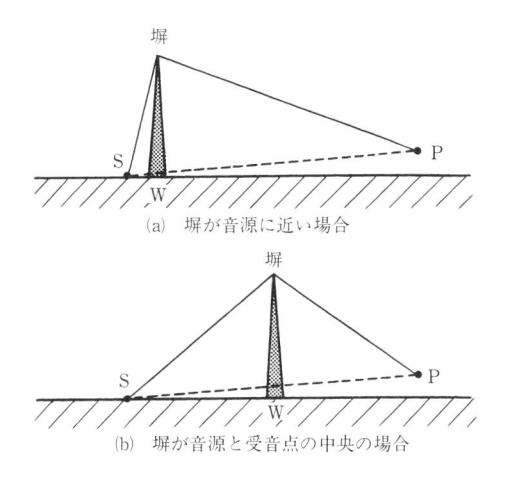

(b) 塀が音源と受音点の中央の場合

図12.5　塀の位置による減衰の影響

12.2　一重のパネルで音をさえぎろう

　無限に広い一重のパネルに音源から音が入射すると，一部は反射し他は内部へ伝わる．内部へ伝わった音は一部はパネルに吸収され，他はパネルを透過する．パネルのようなしゃ音材料のしゃ音性能は，式（10.19）に示した透過率または式（10.18）に示した透過損失によって示される．その透過率はパネルの単位面積当たりの質量や音の周波数に依存する．

　いま，図12.6に示すように，無限に広く，均一な材質で，音の波長よりも薄い一重のパネルに，角速度 ω の音（平面波）がパネルと θ の角度で入射するとする．パネルの透過損失の理論式を導くと次のようになる．

$$TL_\theta = 10 \log_{10}\left\{1+\left(\frac{\omega m \cos\theta}{2\rho c}\right)^2\right\} \quad [\text{dB}] \tag{12.1}$$

ここで，
　$\omega = 2\pi f$
　f：音の周波数　[Hz]
　m：壁の単位面積当たりの質量　[kg/m^2]

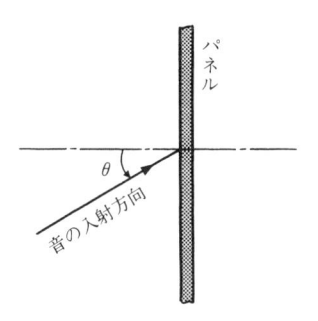

図 12.6 音の入射方向

ρ：空気の密度　[kg/m³]
c：音の伝わる速度　[m/s]

音がパネル面に垂直に入射すると，$\theta=0$ であるから $\cos\theta=1$ となり，このとき $1 \ll (\omega m/2\rho c)^2$ となるので，式（12.1）の透過損失は，

$$TL_0 \fallingdotseq 20\log_{10}\left(\frac{\omega m}{2\rho c}\right) \quad [\mathrm{dB}] \tag{12.2}$$

となる．このように，パネルの透過損失が入射音の周波数とパネルの質量の積の対数に比例して大きくなることがわかる．これをしゃ音の質量法則（mass law）または質量則という．

空気中の場合は，$\rho c = 413$ [kg/m²s]，$\omega = 2\pi f$ を式（12.2）に代入すると，透過損失は，

$$TL_0 = 20\log_{10} mf - 42 \quad [\mathrm{dB}] \tag{12.3}$$

となる．

室内の音圧レベルがほぼ均一な拡散音場の場合には，次のように考えるとよい．拡散音場においては，音はパネルあるいは壁面にランダムな角度で入射する．したがって，式（12.1）において音の入射角度 θ に 0 から 90° の範囲の平均を用いると，透過損失は次の式となる．

$$TL_m = TL_0 - 10\log_{10}(0.23\,TL_0) \quad [\mathrm{dB}] \tag{12.4}$$

さらに，式（12.3）と式（12.4）から，

$$TL_m = 18\log_{10} mf - 44 \quad [\mathrm{dB}] \tag{12.5}$$

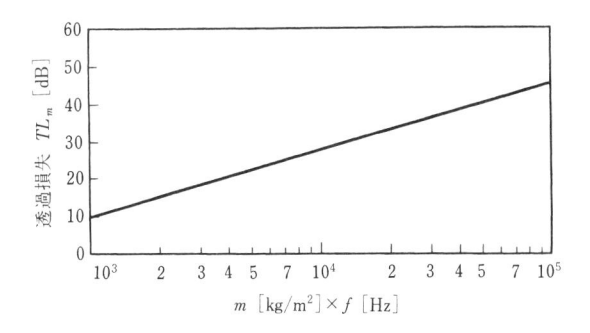

図 12.7 拡散音場の透過損失

が近似的に求まる．拡散音場の透過損失を計算するのにこの式が一般によく使用されている．

式 (12.5) の mf と TL_m との関係を計算して図示したのが**図 12.7** である．面密度が2倍になると約 5.5 dB，3倍になると約 8.5 dB 透過損失が増加することがわかる．

表 12.1 に種々のしゃ音材の透過損失を各周波数ごとに示した．厳密には，しゃ音材の取り付け方によっても差が生じるが，およその値を示した．

このように，一重のパネルの透過損失を計算によって求めるには式 (12.5) を用いるとよい．周波数と透過損失との関係は図 12.7 に示すように，片対数グラフに示すと直線となる．しかし，これに対して透過損失を種々の周波数について測定すると，ある特定の周波数付近から高い周波数に

表 12.1 種々のしゃ音材の透過損失[2]

しゃ音材	周波数 [Hz]	透過損失 [dB]				
		125	250	500	1000	2000	4000 Hz
ガラス 6 mm		12	21	26	31	28	36
コンクリートブロック(素面) 100 mm		20	24	29	33	36	42
平板スレート 6 mm		15	18	25	30	36	39
鉄板 0.7 mm		10	13	19	25	30	36
引き違い窓，サッシガラス 5 mm		15	19	18	18	18	22
両面プリント合板(5 mm)の二重壁空気層 75 mm		13	16	24	30	40	41
石こう2枚ボード(12 mm+12 mm)の二重壁，グラスウール層 65 mm		22	37	46	49	56	54

かけて，質量則の計算値よりも低くなる現象が見られる．その理由は，透過損失の理論式を導くときに一重のパネルが一様にピストン運動すると仮定して導いたためである．しかし，室内などに取り付けられたパネルは屈曲運動であるため，この屈曲波と音の入射波が共振状態になると，音がパネルを透過しやすくなる．これが透過損失を低下させている原因といわれている．

このように，しゃ音材はある周波数で音がパネルを透過しやすくなり，パネルの透過損失は質量則の計算値より低くなる．この現象をコインシデンス効果（coincidence effect）という．コインシデンスとは「一致」あるいは「合致」という意味であり，音の入射波の周波数と屈折波の周波数が一致し共鳴することにより，音が透過しやすくなる効果を意味している．

図 12.8 は一重のパネルのコインシデンス効果を示す図である．図において周波数 f_c における透過損失が，質量則の計算値より低くなっていることがわかる．この周波数をコインシデンス周波数という．この周波数はパネルの面密度が大きいほど，また曲げ強さが小さいほど，さらに厚さが薄いほど高くなる．

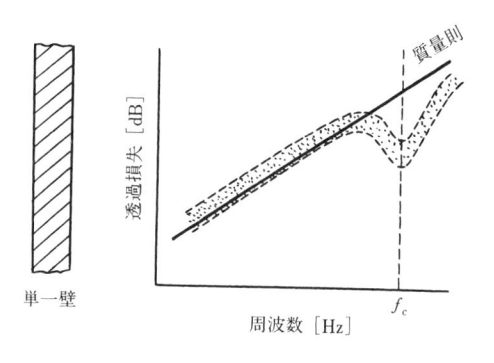

図 12.8 一重パネルのコインシデンス効果

12.3 空気層をもつ二重のパネルで音をさえぎろう

一重のパネルで音をさえぎる場合に，質量則が成り立つため壁の厚さを厚

12.3 空気層をもつ二重のパネルで音をさえぎろう

くすると透過損失を大きくすることができる．しかし，コインシデンス周波数はパネルの厚さが厚くなると中低音域へ移動する．しゃ音が必要な周波数領域にコインシデンス効果が現れると，透過損失が低下し，しゃ音の効果は低くなる．パネルの厚さを厚くすると高価になり，価格に比例して透過損失を期待するのは困難になる場合もある．そこで考えられるのが，間に空気層を設けた二重のパネルによるしゃ音である．空港や騒音レベルの高い道路に面した住居に見られる二重窓やペアガラス窓，放送局のスタジオにも傾斜させたペアガラス窓が使用されており，これらは二重のパネルによるしゃ音と同様の効果を期待しているものである．

図 12.9 に示すように一定間隔の空気層を設けた二重のパネルによる透過損失の周波数特性を，図 12.10 に示した．二重のパネルによるしゃ音特性は，コインシデンス周波数 f_c より低い周波数 f_r において透過損失が低下し谷状になる．この理由は 2 つのパネルとその間の空気が共鳴し，共鳴周波数の音が透過しやすくなり，透過損失を低くしている．このような透過損失の低下は二重のパネルでは空気層が 1 つであるため 1 つ発生するが，三重のパネルによるしゃ音の周波数特性は，空気層を 2 層もつため，それぞれの空気層が共鳴し，谷状の透過損失の低下（f_r）が 2 つ発生する．

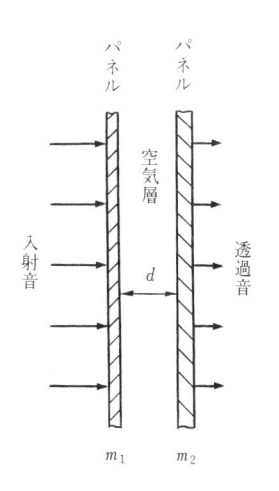

図 12.9 二重のパネル

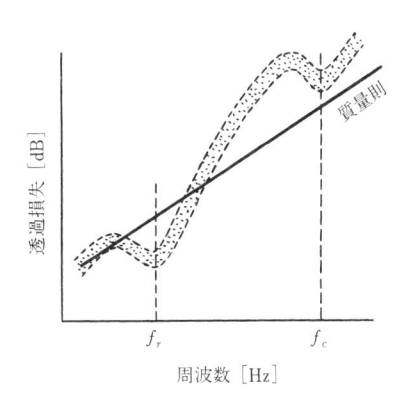

図 12.10 二重パネルのしゃ音特性

二重のパネルによる谷状の透過損失の低下する周波数 f_r は，次の式で示すことができる．

$$f_r = \frac{1}{2\pi}\sqrt{\frac{m_1+m_2}{m_1 m_2}\cdot\frac{\rho c^2}{d}} \qquad (12.6)$$

ここで，

c：音の伝わる速度　[m/s]

ρ：空気の密度　[kg/m³]

d：空気層の厚さ　[m]

m_1, m_2：2つのパネルの単位面積当たりの質量　[kg/m²]

周波数 f_r より高い周波数域においては，図 12.10 を見るとわかるように，透過損失は質量則の直線より大きくなっている．

図 12.11 は，厚さ 4 mm の同じ材質の合板を 2 枚用い，間に空気層を設けて，下地 50 cm 角の格子に釘付けして作った二重のしゃ音機構で，空気層は 100 mm の場合について実験した透過損失の周波数特性である．さき

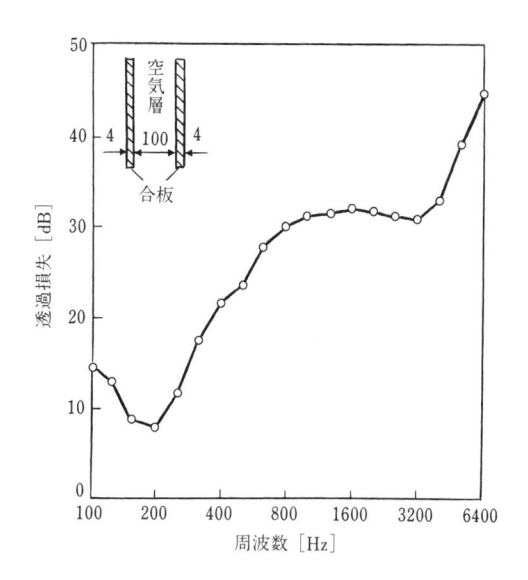

図 12.11　空気層をもつ二重合板の透過損失

に示した図 12.10 と良く似た特性を示している．

　二重のパネルによるしゃ音効果を高めるためには，できるだけ柔らかい材料で支持し，構造上の結合部を音響的に遮断することも必要である．さらに，空気層を厚くして透過損失の低下する周波数をきわめて低くすることも考えられる．

　音響機器を扱ったり，放送に関係する部屋のペアガラス窓において，2枚のガラス板の厚さが異なっていたり，一方のガラス板が傾斜しているのを見かけることがあるが，これは2枚のガラス板のコインシデンス周波数が一致しないようにして，透過損失の大きな低下を防止したり，著しい共鳴が生じてしゃ音効果が失われることの無いよう考慮したものである．

12.4　サンドイッチパネルによるしゃ音の効果

　二重パネルの間の空気層の部分に種々の材料（心材という）を用いた構造をサンドイッチパネル構造とよんでいる．サンドイッチパネルの音響特性は心材によって変化する．したがって，心材の材質によって大きく次の3つに分けている．

（1）　剛性材サンドイッチパネル

　心材の材質が金属のように剛性が高く，2枚の表面材と一体になって振動する場合である．この場合は心材の弾性係数が表面材の弾性係数より大きく，心材と表面材が一体振動となり，均質一枚板の場合と同様に質量則にしたがって，コインシデンス現象が発生する．すなわち，コインシデンス周波数において透過損失が低下する．表面材と心材を接着させるとコインシデンスによる透過損失の低下は小さく，周波数の広い範囲で谷形となる．

（2）　弾性材サンドイッチパネル

　心材の材質が発泡プラスチックのように表面材よりも弾性係数の小さいものを用いる場合である．この場合には表面材と心材がある周波数で共鳴するため，その周波数付近において透過損失が低下する．

(3) 抵抗材サンドイッチパネル

心材にグラスウールやロックウールのような多孔質吸音材を用いる場合である．この場合は音が多孔質吸音材の内部へ伝わると，音響エネルギーが熱エネルギーに変換されるため，心材を透過するときの空気粒子の振動が次第に弱められる．この場合約 30 mm のグラスウールを心材に用いたときの透過損失は，心材と同じ厚さの空気層が両表面材の間にある場合に比べると，広い範囲の可聴周波数域にわたって 2～5 dB 透過損失が大きくなり，グラスウールの効果が現れて，サンドイッチパネルの有効性が顕著に見られることになる．

サンドイッチパネルは以上の 3 つに分類される．主として心材の材質や面密度によって，図 12.10 に示す透過損失が低下する周波数 f_r の値が決まり，使用したい周波数範囲における透過損失の特性が決まってくる．

さらに，心材のほかに表面材の材質も透過損失に影響を与えている．表面材には一般に，合板よりは石こうボードやスレートの方が透過損失を大きくすることができる．

12.5 音源を囲ってみよう

受音者に伝わる途中で騒音をさえぎるもっとも簡単な方法は，音源と受音者との間に障壁を設けて音を完全に反射させることである．すなわち，音源を完全に囲って音が外部へ透過しないようにするエンクロージャー法がある．この方法は高い音響出力をもつタービン，発電機など高速回転や振動に起因する機械類のしゃ音方法として効果が大きい．音源を囲ってしゃ音する方法は，受音者が移動しても被害を与えないために好ましい方法である．

さらに，工場建物の構造上から考えると，工場内の作業者休憩室や工場事務室は窓側に設けて，音源のある部屋と仕切ると共に，音源を囲ってしゃ音の効果をあげることができ，工場外へ騒音が伝わるのを防止するのにも役立つ．騒音を完全にしゃ断することは困難であるが，なるべく透過し難いしゃ音壁で囲むことは静音化の効果がある．

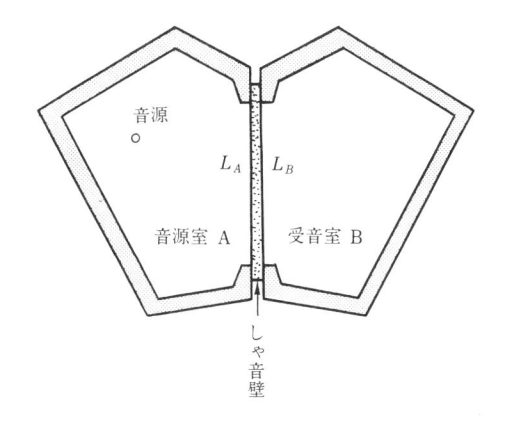

図 12.12 壁のしゃ音性能

いま，図 12.12 に示すように音源を剛壁で囲い，受音室との間にしゃ音壁があるとする．A 室の音源から出た音は A 室の壁で反射し，しゃ音壁にはランダムな方向から音が入射してくるとする．しゃ音壁のしゃ音性能の表示には，A 室と B 室間の音圧レベルの差を求めてその大きさで示している．

A 室と B 室はそれぞれ硬い壁で囲まれていて，音はほとんど壁で反射すると考えると，両室とも拡散音場とみなすことができる．その場合には，A，B それぞれの平均音圧レベルの差を用ればよい．しかし，拡散音場と見なし難い場合には，しゃ音壁両面の音圧レベル差を用いる．

$$D = L_A - L_B \quad [\text{dB}] \tag{12.7}$$

ただし，
- L_A：A 室の平均音圧レベル，またはしゃ音壁面の A 室の音圧レベル [dB]
- L_B：B 室の平均音圧レベル，またはしゃ音壁面の B 室の音圧レベル [dB]

〈音源を囲い，しゃ音することによる騒音防止の基本式〉

音源を室内に入れたり囲ったりしてしゃ音することによる騒音防止の基本

となる式は，次に示す (12.8), (12.10) および (12.13) の3つの式である．

(a) 拡散音場の隣接室間

図 12.12 に示すように隣接した不整形な部屋があり，それぞれの室内の壁が音を十分反射するとする．それぞれの室内の音圧レベルはほぼ均一となり，拡散音場と見なすことができる．A, B 両室間の音の透過経路が2室間のしゃ音壁のみのとき，しゃ音壁に到達する音響エネルギーからしゃ音性能，すなわち両室間の音圧レベル差を求めると，

$$L_A - L_B = 10 \log_{10} \frac{1}{\tau} + 10 \log_{10} \frac{\alpha_B S_B}{S}$$

$$= TL + 10 \log_{10} \frac{\alpha_B S_B}{S} \tag{12.8}$$

ここで，

S：隣接室間のしゃ音壁の表面積

α_B：B 室の平均吸音率

S_B：B 室の総表面積

式 (10.3) から $\alpha_B S_B$ は B 室の吸音力となる．しゃ音壁による音圧レベルの低下は式 (12.8) からわかるように，しゃ音壁の透過損失と B 室の吸音力も関係することがわかる．もし，$\alpha_B S_B \fallingdotseq S$ と見なすことができる場合には，$L_A - L_B = TL$ となる．

(b) 室内の平均音圧レベル

いま拡散音場の室内に音響出力 $P[W]$ の音源があるとする．室内の音の平均エネルギー密度 $E[\mathrm{W \cdot s/m^3} = \mathrm{Joul/m^3}]$ は，

$$E = \frac{4P}{cA} \tag{12.9}$$

ここで，

c：音の伝わる速度　[m/s]

A：室の吸音力　$A = \bar{\alpha} S$　[m²]

$\bar{\alpha}$：室の平均吸音率

S：室の全表面積　[m²]

式 (12.9) より，

$$\frac{cE}{10^{-12}} = \frac{P}{10^{-12}} \cdot \frac{4}{A}$$

両辺の対数を取って室内の音圧レベル L_P を求めると，

$$L_I = L_P = L_W + 10 \log_{10} \frac{4}{A} \tag{12.10}$$

となる．ここで，

L_I：音の強さのレベル　　[dB]

L_W：音源のパワーレベル　　[dB]

(c) 音源または受音者が防音室内にあるときの音圧レベル

いま半自由空間内にパワーレベル L_W の点音源が存在するとき，音源から距離 r における音圧レベルは，式 (2.19) の両辺の対数をとると，

$$L_P = L_W - 10 \log_{10}(2\pi r^2) \quad [\text{dB}] \tag{12.11}$$

となる．以上の式 (12.8)，(12.10) および (12.11) を組み合わせると，しゃ音による騒音防止の式を導くことができる．すなわち，音源を防音カバーで包囲したときのカバー外の受音点における音圧レベル（図 12.13(a) の場合），および室外に音源があるときの防音室内の受音点における音圧レベル（図 12.13(b) の場合）を求める．まず，防音カバーがカバーの外側へ放射する騒音のパワーレベル L_{W0} は，

$$L_{W0} = L_W - TL + 10 \log_{10} \frac{S}{A} \quad [\text{dB}] \tag{12.12}$$

したがって，受音点における音圧レベル L_P は式 (12.11) より，

$$L_P = L_W - TL + 10 \log_{10} \frac{S}{A} + 10 \log_{10} \frac{1}{2\pi r^2} \quad [\text{dB}] \tag{12.13}$$

となる．ただし，

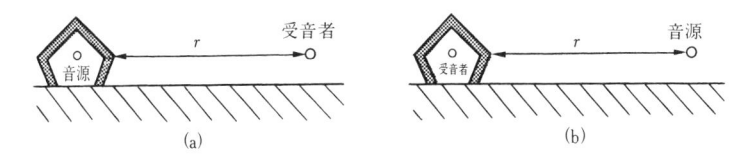

図 12.13　しゃ音による騒音防止

TL：防音カバーまたは防音室壁の透過損失　[dB]
S　：防音カバーまたは防音室壁の表面積　[m^2]
A　：防音カバーまたは防音室内の吸音力　[m^2]
r　：防音カバーと受音者，または音源と防音室との距離　[m]

図 12.12 に示すように A，B の 2 室がしゃ音壁で仕切られているとする．両室はいずれも拡散音場であり，A 室にパワーレベル L_W の音源があるとすると，B 室の音圧レベル L_{P_B} は式（12.10）および（12.12）より，

$$L_{P_B} = L_W - TL + 10 \log_{10} \frac{4S}{A_a A_b} \tag{12.14}$$

$$= L_{P_A} - TL + 10 \log_{10} \frac{S}{A_b} \tag{12.15}$$

となる．ただし，

TL：しゃ音壁の透過損失　[dB]
S　：しゃ音壁の表面積　[m^2]
A_a：A 室の吸音力　[m^2]
A_b：B 室の吸音力　[m^2]

図 12.14 に示すように，受音者が室内にいて，室外周辺の音圧レベルが等しい拡散音場によって室が囲まれている場合も，式（12.15）を用いて室内の受音者の位置における音圧レベルを計算することができる．この場合には式（12.15）の L_{P_B} が受音者の音圧レベル，L_{P_A} は室外の拡散音の音圧レベル，A_b は室内の吸音力，S は室内の壁の全表面積である．

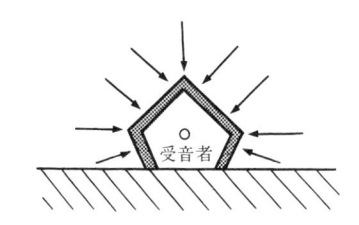

図 12.14　外部拡散音場に対するしゃ音

第13章
音の性質を利用して静音化しよう

　音が気体や液体中を伝わるときは，圧力の高いところと低いところが交互に現れる波であるから，この圧力の高低に着目して何らかの方法で圧力を均一化すると静音化することができると考えられる．このように音のもつ種々の性質を利用して静音化する方法について本章では述べる．

13.1　音の伝わる通路を変えて静音化できる

　音が空気中を伝わる場合は，音を伝える媒体になっている空気の粒子が前後方向に微少な運動をして粒子の密の部分と疎の部分が生じる疎密波である．図1.2に示したのはひずみのない理想的な形の正弦波である．この正弦波については周波数が一定であるから，音波の波長も一定となる．しかし，実在している騒音は必ずしも単一な周波数の音ではなく，ほとんどの騒音は広い周波数範囲を含んだ音である．一般にはこの広い周波数範囲においても，ある特定の周波数において高いレベルを示す場合が多い．その場合にはこの周波数における高いレベルを低くすることができれば，全周波数域の騒音レベルも低くなるので有効である．

　そこで，図13.1に示すような音の通路を考えてみよう．左から通路に入ってきた特定の周波数の音は途中で通路Aと通路Bに分かれ，右へ進んだ後，合流点で合流する．通路AとBは長さが異なるとする．合流点において通路AとBを通った音を比較すると，通過した距離が異なるため位相に

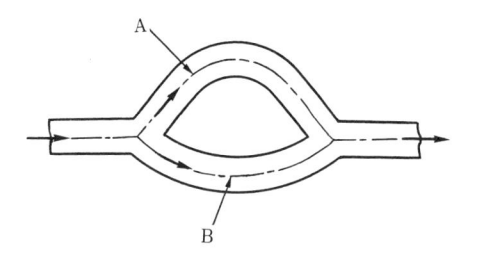

図 13.1　通路長変化による音の干渉

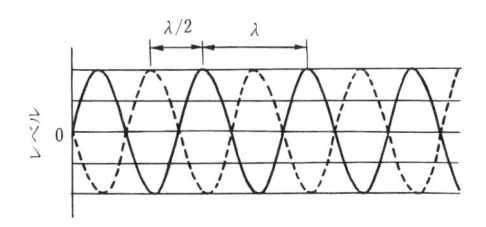

図 13.2　半波長の位相の違う正弦波

ずれがあることがわかる．この位相のずれが半波長になると図 13.2 に示すように波形が全く逆になった 2 つの音となる．この 2 つの音が合流すると互いに干渉し打ち消し合って音圧は無くなってしまう．すなわち，通路 A と B の長さの差を音の半波長に等しくすると音の減衰は最大となる．

$$a - b = \frac{\lambda}{2} = \frac{c}{2f} \tag{13.1}$$

ただし，
　　a：通路 A の長さ　　[mm]
　　b：通路 B の長さ　　[mm]　$a > b$
　　λ：音の波長　　　　[mm]
　　c：音の伝わる速さ　[mm/s]
　　f：音の周波数　　　[Hz]

たとえば，1000 Hz の周波数の音を減衰させるには，音の速さ $c = 3.4 \times$

10^5 mm/s とすると,式(13.1)より $a-b=170$ mm となり,170 mm の長さの通路差を作ればよいことになる.

いま,音の通路差 ($a-b$) が一定の通路を用いるとすると,式(13.1)から周波数の式,

$$f_n = \frac{nc}{2(a-b)} \quad [\text{Hz}] \tag{13.2}$$

において,$n=1,3,5\cdots\cdots$の奇数の場合には,2つの通路を通った音の干渉による減衰は最大となる.

この音の減衰特性を図 13.3 に示す.周波数が f, $3f$, $5f$……において音の減衰量が無限大となる.したがって,理論的には発生している音が全部無くなることになる.しかし,この原理を用いた消音器で減音すると最大減衰量は約 20 dB 程度である.

図 13.3 を見てもわかるように,音の干渉を利用するこの方法による減衰は,ある特定の周波数において大きい騒音を出す吸気,排気などの際の消音に用いると有効であることがわかる.そのためディーゼル機関や圧縮機などの給排気音の減衰用に広く採用されている.

さらに,最近,近隣騒音の1つとして幼稚園や保育園の園児から出る騒音が苦情として出ており,その対策としてこの方法が採用された例がある.園の周辺に設けた塀にベーンを取り付け,騒音の通路を分岐した後,合流さ

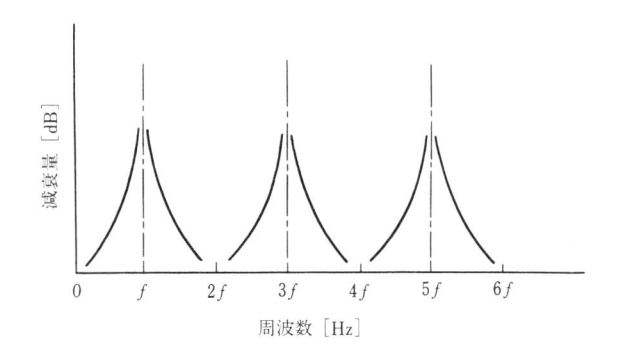

図 13.3 音の干渉による減衰特性

せ，通路の距離の差を利用した音の干渉から減衰させるものである．ベーンの傾き角度を変化させて音の通路の距離の差を変化することができるように考案し，減衰させる音の周波数の変化に対応できるようにしている．

13.2 他の音を出して静音化できる

　前節に述べた静音化法は，騒音を2つに分岐して位相差を発生させ，音波を重ね合わせて振幅を小さくする方法であった．ここに述べる方法は位相差を利用して静音化する点では前節と似ているが，しかし新しく音源を設けて音を発生させ，その音と騒音源の音との位相差を利用して静音化する方法である．この方法をアクティブ騒音制御と呼んでいる．新しく音を発生させて能動的に静音化しようとするところからアクティブ（active）の名がついている．これに対してさきに述べた吸音材を用いて吸音したり，パネルを用いてしゃ音する方法はむしろ受動的な静音化法であり，前者に対してパッシブ（passive）である．

　いま，消音したい騒音の波形が図13.4(a)であるとする．騒音を無くするにはこの波形の振幅を無くすればよいので，(a)と反対の(b)の波形を新

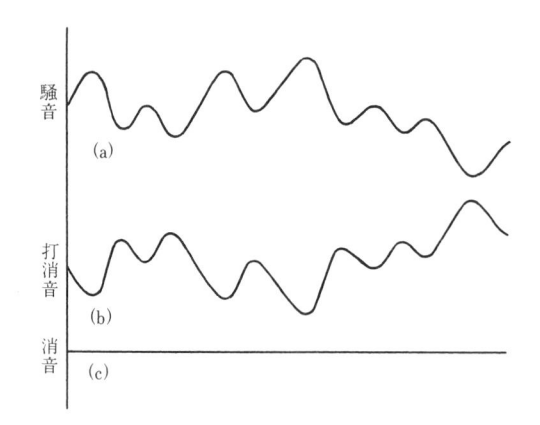

図 13.4　打消音を出すアクティブ騒音制御

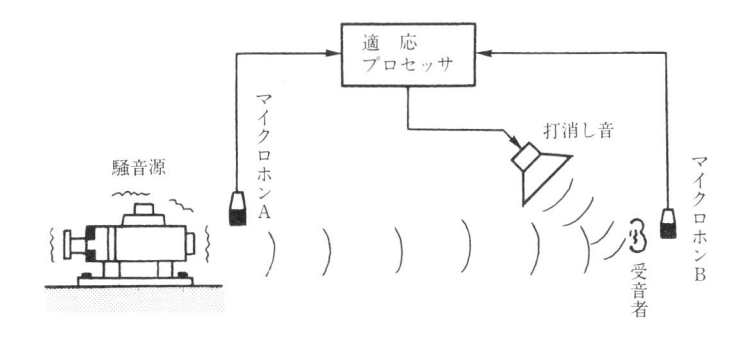

図 13.5　アクティブ騒音制御システム

しく設けた制御音源から加えることによって，(c)の波形を得ることができる．このとき打消し音の波形(b)をいかに精密に作ることができるかによって静音化の効果が決まる．

　図13.5に打消し音の波形を得るための原理を示した．騒音源で発生した騒音は音の速度で空気中を伝わり受音者に到達するため，騒音源からの距離が決まると騒音の到達する時間が決まる．一方，制御音源の位置が決まると，制御音源と受音者との距離から打消し音が受音者に到達するまでの時間が決まる．この両者の時間差と騒音源近くに設けたマイクロホンが受ける騒音から，受音者に到達する騒音をあらかじめ適応プロセッサで計算し，騒音と打消し音が受音者に到達するときに逆位相となって相互に打消し合って静音化される．

　図13.5に示した適応プロセッサにはディジタルフィルタが含まれていて打消し音を作っている．種々の信号の中から最適の信号を取り出し，その信号を数値データ化して数値演算処理を行うものである．温度が変化すると音の伝わる速度が変化するほか，外部から種々の不要な信号や乱れが来ることもある．これらは打消し音を作る際に影響を与える．そこで，適応フィルタのディジタル信号処理方法によって，外乱をはじめ種々の変化に対してディジタルフィルタの特性が最適の状態になるよう制御している．

この静音化方法は，自動車の車室内のこもり音や，冷蔵庫，空調用ダクト，航空機の機内騒音などの静音化に使われている．

この方法は当初はダクトのように比較的狭くて，限られた範囲における静音化の方法として利用されてきたが，最近は自動車や航空機内のようにかなり広い空間における騒音の制御も行えるようになってきた．しかし，可聴域のすべての周波数範囲にわたって効果を期待するよりも，むしろ低周波数域の騒音に対して効果があるように設定し，高い周波数域の騒音に対しては吸音材やしゃ音材を用いて相互に補い合う利用が適切である．

13.3 音の指向性を利用しよう

自由空間に1つの点音源が存在し，あらゆる方向に一様に音響エネルギーを出していると考えると，点音源を中心として球状に広がった音圧レベルの分布を示すことになる．すなわち，音圧レベルが方向によって変化しない，指向性の無い分布となる．しかし，音源によっては音響エネルギーの放射が方向によって一様でない場合がある．機械類の多くは内部に音源があって，表面に換気穴や排気用穴などを設けている場合が多く，穴から騒音が外部へ伝わるため，穴の正面ではとくに音が大きくなって指向性が現れる．また，大きい板が振動して音を出している場合にも，板の近くでは板の振動方向に音が大きくなり，振動と直角方向には音圧レベルが低くなる．

音の指向性は音源の形状・寸法および音の波長によって決まる．いま，周波数が 100 Hz の音は波長が 3.4 m であるから，直径が 20 cm の円板が面の垂直方向に振動している音源では，音源の寸法より波長がかなり大きいため，音源から遠くなると指向性は無くなって点音源と見なすことができる．しかし，周波数が 10 kHz の音では波長が 3.4 cm であり，音源の寸法より波長がかなり小さくなり，音源の近くでは大きい円板が振動する場合と同様の指向性をもつと見なすことができる．このように波長に比べてかなり大きい振動板の音源では，その指向性を無視することができなくなる．

指向性の無い点音源が自由空間にある場合の音圧レベルの分布は式

(2.22) に示した．しかし，指向性がある場合には指向性の項を考慮した次の式を用いている．

$$L_P = L_W - 20 \log_{10} r - 11 + DI_\theta \tag{13.3}$$

DI_θ は指向性利得（directivity gain）といい，次の式で表す．

$$DI_\theta = L_{P\theta} - \overline{L_P} \tag{13.4}$$

ここで，

$L_{P\theta}$：特定方向 θ での音圧レベル　[dB]

$\overline{L_P}$：平均音圧レベル　[dB]

また，指向係数（directivity factor）Q が使われることもある．次の式で定義されている．

$$Q = p_\theta^2 / \bar{p}^2 \tag{13.5}$$

$$DI_\theta = 10 \log_{10} Q \tag{13.6}$$

ここで，

p_θ：音源から一定距離だけ離れた特定方向 θ の音圧

$\bar{p}$：音源から一定距離だけ離れた全周の平均音圧

無指向性の場合には $p_\theta = \bar{p}$ となるので $Q = 1$ となり，$DI_\theta = 0$ となる．したがって，式 (13.3) は当然，式 (2.22) に等しくなる．

工場にある機械は複雑な形状をしているため音響エネルギーの放射は一様でない場合が多い．このように工作機械，送風機，コンプレッサなどが音源となっている工場では音源に指向性があるため，周辺の音圧レベル分布が一様でないことがわかる．

音の大きい機械などの音源では，音の指向性を考慮して，表面の穴を利用して特定の無害な方向に音響エネルギーを放出することによって，希望している方向の騒音レベルを下げることも行われている．ここで穴の寸法や形状に注意することが大切であり，穴の面積は急激に拡大するよりもエクスポーネンシャル（指数関数）状に徐々に拡大したほうがよい．

1つの音源が無指向性で，あらゆる方向へ一様に音響エネルギーを出していても，多くの音源が存在する音場においては指向性が現れる場合がある．その指向性は音源の強さ，位相，分布位置に関係する．

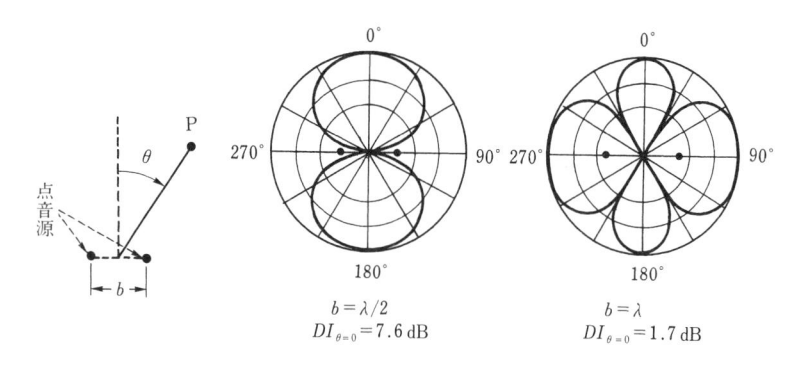

図 13.6 2つの点音源による指向性

いま，図13.6に示すように全く指向性をもたない2つの点音源があるとする．両音源間の距離をbとする．音源の強さは同じで，2つの位相も同じとする．$b=\lambda/2$（λは波長）と$b=\lambda$の場合について，図のP点における音圧レベルを求め，P点を移動させて行くと，図に示すように音場には指向性が現れることがわかる．

13.4 密度の異なる物質を利用しよう

空気や水のように音を伝える物質の密度や音の伝わる速さは，音の伝わる状態に影響を与える大きな因子である．いま，2つの物質AとBが接している場合を考えてみる．この物質は2つの異なる気体でも液体でもよい．物質Aの密度をρ_a，音の伝わる速さをc_a，また物質Bの密度をρ_b，音の伝わる速さをc_b，とする．Aにある音がBへ伝わるとき，その境界面において，両物質の密度と音の伝わる速さの積が異なる場合には音は反射する．その反射の程度は両者の$\rho_a c_a$と$\rho_b c_b$との差の大きさによって影響される．AとBの境界面の反射率は式（3.13）に定義したように，入射する音のエネルギーと反射する音のエネルギーの割合とすると，反射率は，

$$r_{a,b} = \left(\frac{\rho_b c_b - \rho_a c_a}{\rho_b c_b + \rho_a c_a}\right)^2 = r_{b,a} \tag{13.7}$$

となる．添え字 a, b は物質 A から B へ音が伝わる場合であり，添え字 b, a は物質 B から A へ音が伝わる場合である．

気体と液体の場合には密度がかなり異なるし，音の速さも異なるので，両者の接触面では音は大きく反射する．このような音の性質を静音化に利用することもできる．

音源の周りに小さいメッシュの網を張り，網面に上から水を流して液膜を作ると，音源からの音は液膜の表面で反射し，しゃ音されて網面から音が外へ出るのを防止することができる．夏にはこれが涼感を与えて快適である．

さらに，液体の密度と音の速さの積が空気のそれよりかなり大きいことを利用した静音化の例として，油圧ポンプとそれに直結したモータを油中に設置して稼動させ，油中の油圧ポンプやモータの発生音が空気中に出ないようにしている．ポンプの騒音が大きいので効果がある．

また，薄板加工物の表面を砥石で研削加工すると，薄板や砥石が振動して周波数の比較的高い音をだす．そこで，薄板加工物を液中へ浸して研削することによって，薄板の振動を小さくすると共に，研削時に発生する騒音が空気中へ出ないようにして，騒音レベルを下げた結果も報告されている[1),2)]．

13.5 音の放射エネルギーの減少を利用しよう

音源が振動して音を出しているとき，振動する速度が大きいほど音響放射エネルギーが大きいので大きい音を発生する．また，音源の寸法が大きいほど音響エネルギーを放出する面積が広いので，全音響エネルギーは大きくなり大きい騒音となる．したがって，これらを小さくすれば騒音レベルは低くなる．しかし，振動速度はその音源の使用目的によって決まるものであるから，振動速度を低くすると使用能率が低下したり，使用不可能になったりする．また，音源の音響エネルギーの放射面積も音源の大きさであるから，これを小さくすることは使用目的から限度があると考えられる．したがって，振動速度と振動面積のいずれも小さくすることは困難である．

さらに音響放射エネルギーの大きさに影響を与える因子に，音源から出た

音の伝わる速さがある．速さが大きいほど放射する音響エネルギーは小さくなる．音の速さは音の伝わる媒質によって決まる．音の速さは表2.2(27頁)に示したように，気体でも水素のように速いものもあるし，遅いものもある．また，液体になると気体中を伝わる場合より速くなる．したがって，水や油の中へ音源を置くことによって，空気中に置いた場合よりも音響放射エネルギーも小さくなり，騒音レベルも低くなって静音化することのできる一つの方法となる．

参 考 文 献

[2章]
1) ISO Recommendation 226-1961, Normal equal-loudness contours for pure tones and normal threshold of hearing under free field listening conditions (1961)
2) D. W. Robinson and R. S. Dadson, Threshold of hearing and equal-loudness relation for pure tones and loudness function, J. Acoust. Soc. Am., 29 (1957), 1284

[3章]
1) P. H. Parkin and W. E. Scholes, The horizontal propagation of sound from a jet engine close to the ground at hatfield, J. Sound & Vib., 2 (1965), 353
2) 一宮亮一：機械系の音響工学, コロナ社, (1992)

[5章]
1) 2章の1) と同じ
2) JIS T 1201, オージオメータ (1982)
3) K. D. Kryter, The effect of noise on man, Academic press, (1970)
4) 日本産業衛生協会, 許容濃度等委員会勧告の騒音の許容基準について, 産業医学, 11巻, 10号, 533
5) J. S. Lukas, K. D. Kryter, Awakening effects of simulated sonic booms and subsonic aircraft noise on 6 subjects, 7 to 72 years of age, NASA Contract NAS 1-7592, Stanford research institute, Menlo Park, Calif., U. S. A. (1969)
6) I. Oswald, A. M. Taylor and M. Treisman, Discriminative responses to stimulation during human sleep, Brain 83 (1960), 440-453
7) J. Olsen and E. N. Nelson, Calming the irritable infant with a simple device, Minn. Med 44 (1961), 527-529
8) R. L. Wegel and C. E. Lane, The auditory masking of one pure tone by another and its probable relation to the dynamics of the inner ear, Phys. Rev., 23 (1924), 266

[6章]
1) K. D. Kryter and K. S. Pearsons, Sound effects of spectral content and duration on perceived noise level, J. Acoust. Soc. Am., 35 (1963), 866

2) K. D. Kryter and K. S. Pearsons, Modification of noy tables, J. Acoust. Soc. Am., 36 (1964), 394
3) ISO Recommendation 507-1966, Procedure for describing aircraft noise around airport, (1966)

[7章]
1) JIS B 6004 工作機械の騒音レベル測定方法

[10章]
1) 3章の2)と同じ
2) C. M. Harris, Absorption of sound in air versus humidity and temperature, J. Acoust. Soc. Am., 40 (1966), 148
3) T. F. W. Embleton, Sound propagation in homogeneous deciduous and evergreen woods, J. Acoust. Soc. Am., 35 (1963), 1119
4) C. F. Eyring, Jungle acoustics, J. Acoust. Soc. Am., 18 (1946), 257
5) J. D. Hayhurst, The attenuation of sound propagated over the ground, Acustica, 3 (1953), 227
6) P. H. Parkin and W. E. Scholes, The horizontal propagation of sound from a jet engine close to the ground at radlett, J. Sound & Vib., 1 (1964), 1
7) L. L. Beranek, Acoustics, McGraw-Hill co., (1954)

[11章]
1) JIS A 6306 グラスウール吸音材 (1980)
2) JIS A 6303 ロックウール吸音材 (1980)
3) JIS A 6301 吸音用孔あき石こうボード (1975)
4) JIS A 6302 吸音用孔あき石綿セメント板 (1975)
5) L. L. Beranek, Noise reduction, McGraw-Hill Co. (1960)

[12章]
1) 前川純一, 障壁(塀)の遮音設計に関する実験的研究, 日本音響学会誌, 18, 4 (1962), 187
2) 日本音響材料協会, 建築音響工学ハンドブック, 技報堂, (1963)

[13章]
1) A. Peeck, Werkstattstechnik, 65-12 (1975-12), 737
2) P. Berg, Inter-Noise, 78 (1978), 207

索 引

〈あ，ア〉

アイリング・ヌードセンの残響式 ……171
アイリングの残響式 ………………170
アクティブ騒音制御 ………………230
圧力波 ………………………………158
穴あき吸音材 ………………………188
あぶみ（鐙）骨 ………………………78
暗騒音 ……………………………72,110
位相 ……………………………………16
位相定数 ………………………………16
一次元調和振動 ……………………134
一時性難聴 ……………………………80
一過性聴力損失 ………………………80
ウインドスクリーン ………………121
薄板(膜)形吸音材 …………………185
渦巻ばね ……………………………147
内張り直管ダクト …………………204
うるささ ………………………………93
永久性聴力損失 ………………………80
永久性難聴 ……………………………80
エオルス音 ……………………………15
オクターブバンド ……………………30
オーディオグラム ……………………81
オーディオメータ ……………………81
音の大きさ ……………………………40
音の大きさのレベル …………………40
音の減衰 ……………………………179
音の高さ ………………………………30
音の伝わる速度 ………………………17
音の伝わる速さ ………………………26
音の強さ ………………………………34
音の強さのレベル ……………………36
音のレベルの差 ………………………72
音のレベルの平均 ……………………73
音のレベルの和 ………………………69
音圧 ……………………………………23
音圧レベル ……………………………24
音響インピーダンス …………………34

音響インピーダンス密度 ……………33
音響管 …………………………………77
音響出力 ………………………………37
音響パワーレベル ……………………38

〈か，カ〉

外耳 ……………………………………77
回折 ………………………………48,211
外部流 ………………………………142
会話妨害レベル ………………………95
拡散音場 ………………………………67
角周波数 ………………………………17
角振動数 ………………………………17
重ね板ばね …………………………147
加重等価持続知覚騒音レベル ………98
風切音 ………………………………107
可聴音圧 ………………………………24
可聴音波 ………………………………76
カルマン渦 …………………………155
簡易騒音計 …………………………101
感覚騒音レベル ………………………93
管（くび部）端補正 ………………188
間欠騒音 …………………………131,132
基音 ……………………………………32
きぬた（砧）骨 ………………………78
基本音 …………………………………32
基本周波数 …………………………135
吸音壁 ………………………………198
吸音くさび …………………………199
吸音材 …………………………180,195
吸音材の選択方法 …………………196
吸音ダクト …………………………200
吸音率 ………………………………168
吸音力 ………………………………168
90%レンジ …………………………108
境界層 ………………………………142
共振 …………………………………134
共振周波数 ……………………134,186
強制振動 ……………………………134

共鳴	134	車両感知器	20
共鳴吸音	206	周期	16
共鳴構造形吸音材	187	自由空間	37
共鳴周波数	134	周波数	17
距離減衰	53,56,161	周波数分析	112
金属ばね	146	周波数補正	101
空気柱の共鳴	137	周波数補正曲線	105
空気ばね	148	周波数補正特性	102
空力音	14	純音	17,134
屈折	47,63,165	準定常衝撃音	132,133
グラスウール	181	準定常衝撃騒音	131
クリスタルマイクロホン	119	上音	32
減衰	162	衝撃音	132
減衰係数	163	衝撃騒音	131
コイルばね	147	衝撃騒音計	101,105
コインシデンス効果	218	初相	16
コインシデンス周波数	218	自励振動	134
高域しゃ断周波数	32	振動伝達率	144
航空機騒音	93	振幅	15
高速フーリエ変換器	19,118	水撃	159
交通騒音指数	92	静音化	127
鼓室	79	正弦波	14,15
固体の振動	13	制振鋼板	151
鼓膜	77,78	セイビンの残響式	169
固有音響抵抗	33	精密騒音計	101,104
コルク	151	遷移領域	142
コンデンサマイクロホン	120	線音源	55
		騒音	11
〈さ，サ〉		騒音計	101
最小可聴音圧	24	騒音評価指数	96
最大可聴音圧	24	騒音レベル	44
ささやきの回廊	167	総合透過損失	176
皿ばね	147	層流	140,141
残響時間	169	層流境界層	142
1/3オクターブバンド	30	側壁用吸音パネル	198
指向係数	233	疎密波	14,15,227
指向性	165,232	ソーン	42
指向性利得	233		
耳小骨	78	〈た，タ〉	
実効値	23,24	帯域	30
室定数	172,196	ダイナミックマイクロホン	120
質量則	216	第2倍音	135
質量法則	216	竹の子ばね	147
しゃ音	212	多孔質形吸音材	181

単振動	133
単発衝撃音	132
知覚騒音レベル	93
中央値	108
中耳	78
中心周波数	31
超音波	76
超低周波音波	76
長方形膜の振動	137
聴力計	81
聴力障害	80
聴力図	81
つい立	211
つち（槌）骨	78
低域しゃ断周波数	31
定在波	67
低周波騒音計	101
定常騒音	131, 132
点音源	35, 50
等価騒音レベル	92
透過損失	174, 215
透過率	174
等感曲線	40
等ラウドネス曲線	40
道路騒音	92

〈な，ナ〉

内耳	79
内部流	142
鳴き竜現象	167
1/2オクターブバンド	30

〈は，ハ〉

倍音	32
白色雑音	113
1/8自由空間	65
波長	16
反響	167
反射	66
反射率	66
半自由空間	38
バンド	30
比音響インピーダンス	33
ピストンホーン	123

比熱比	26
ピンクノイズ	115
フェルト	150
フォームラバー	148
複合音	32
普通騒音計	101, 102
フラッタエコー	167
分離衝撃音	132
分離衝撃騒音	131
平均吸音率	169, 196
平均自由行程	171
平均自由路程	171
平坦特性	107
平面波	35
ヘルツ	17
ヘルムホルツの共鳴器	187
変動騒音	131, 132
防振ゴム	148
保護具	89
ホン	44

〈ま，マ〉

マイクロホン	119
マスキング曲線	87
マスキング効果	87
マスキング量	87
無響室	110
面音源	60

〈や，ヤ〉

1/4自由空間	65

〈ら，ラ〉

乱流	140, 141
乱流境界層	142
粒子速度	29
流体音	130, 139
臨界レイノルズ数	141
レイノルズ数	140
老人性難聴	24
6分法	82

〈わ，ワ〉

輪ばね	147

⟨A, a⟩
A 特性 ……………………44, 102, 105

⟨B, b⟩
BGM ……………………………86
B 特性 …………………………106

⟨C, c⟩
C 特性 ……………………45, 102, 106

⟨D, d⟩
dB ………………………………24
dB(A) …………………………44
D 特性 …………………………106

⟨F, f⟩
Fourier（フーリエ）変換 ……………18

⟨N, n⟩
NC 値 …………………………96
noy ……………………………93
NR 数 …………………………96

⟨P, p⟩
phon ……………………………40

著者略歴

一宮　亮一（いちみや・りょういち）
- 1958 年　京都大学大学院工学研究科修士課程修了
- 1960 年　徳島大学工学部講師
　　　　　工作機械，切削加工，研削加工などの研究に従事
- 1964～1966 年　米国ペンシルベニア州立大学研究員
- 1967 年　工学博士（京都大学）
　　　　　徳島大学工学部助教授
- 1970 年　新潟大学工学部教授
　　　　　工作機械の騒音解析，騒音防止，音響信号を利用した変位，長さなどの計測技術の開発研究に従事
- 1975, 76 年　ドイツ・ベルリン工業大学客員教授
　　　　　工作機械の共同研究に従事
　　　　　その後，オーストラリア，ドイツなどの大学で，騒音防止，音響信号による計測などの研究に参加
- 1998 年　新潟大学名誉教授
- 1998 年　福山大学工学部教授
- 2005 年　福山大学退職

主として日本機械学会に騒音・音響に関する多くの研究論文を発表
主な著書に，『機械系の音響工学』（コロナ社）など

わかりやすい静音化技術　　　　　　　　　Ⓒ 一宮亮一　2011

2011 年 5 月 30 日　第 1 版第 1 刷発行　　【本書の無断転載を禁ず】
2020 年 2 月 5 日　第 1 版第 3 刷発行

著　者　一宮亮一
発行者　森北博巳
発行所　森北出版株式会社
　　　　東京都千代田区富士見 1-4-11（〒102-0071）
　　　　電話 03-3265-8341／FAX 03-3264-8709
　　　　https://www.morikita.co.jp/
　　　　日本書籍出版協会・自然科学書協会　会員
　　　　JCOPY　＜（一社）出版者著作権管理機構　委託出版物＞

落丁・乱丁本はお取替えいたします　　　印刷・製本／藤原印刷

Printed in Japan／ISBN978-4-627-66831-7

MEMO

MEMO